LA RECOUVRANCE, die seefahrende Botschafterin der Stadt Brest, ist der Nachbau eines Kriegsschoners aus dem frühen 19. Jahrhundert (Seiten 4–5).

Die Dreimast-Bark SAGRES II ist ein portugiesisches Marineschulschiff. Die roten Kreuze symbolisieren den Christusorden von Heinrich dem Seefahrer, der zahlreiche portugiesische Expeditionen finanziert hat (Seiten 6–7).

Die Brigantine ASGARD II ist das Schulschiff der Republik Irland, doch segeln auf ihm junge Leute aller Nationen (Seite 8).

Die deutsche Barkentine MARY-ANNE ist knapp 66 Meter lang. Sie lief 1995 vom Stapel und segelt seitdem als Charterschiff (Seite 9).

Das schlichte Rigg eines modernen Rahseglers (Seiten 10–11).

Für meinen Vater Jacques Puget,
meine Ehefrau Christine
und John Stubbings, den ehemaligen Kapitän der
KASKELOT, der mir als Erster die Gelegenheit bot, an
Bord eines Großseglers zu gehen.

Ollivier Puget

AN BORD

Mit Windjammern auf großer Fahrt

Fotos: Alexis Komenda & Nigel Pert

Edition Maritim

INHALT

IR15
ASGARD II

EIN BLICK IN DIE VERGANGENHEIT

Kapitän Alexander Teschler am Ruder des Vollschiffes PERA der Reederei Laeisz um 1900. Das Schiff wurde 1890 bei J. C. Tecklenborg in Geestemünde gebaut. Teschler galt als der beste Kapitän dieses Seglers, der im Salpeterhandel zwischen Chile und Europa verkehrte.

Der Begriff »Großsegler« umfasst verschiedene Bedeutungen. Die Großsegler bilden eine große Familie mit zahlreichen Schiffstypen, die in Größe, Rumpfform und Takelage stark differieren. Die International Sail Training Association (ISTA), welche Lehrgänge auf Großseglern organisiert, hat mit ihren Kriterien eine mögliche Definition des Großseglers verfasst. Demnach wäre ein Großsegler ein Schiff, das sich allein unter Segeln und ohne Unterstützung von Maschinen fortbewegen kann und zudem eine Wasserlinie von mindestens 30 Fuß beziehungsweise 9,14 Metern aufweist. Soweit die Theorie. In der Praxis werden vornehmlich Schiffe über 30 Meter oder 100 Fuß Länge als Großsegler bezeichnet.

Daneben spielen weitere Kriterien wie etwa die historische Bedeutung eines Schiffes sowie seine Nutzung eine Rolle. Auch so mancher Segler unter 30 Meter Länge zählt zu den Meilensteinen in der maritimen Welt und nimmt an den entsprechenden Veranstaltungen teil. Dort kommt eine andere Definition zum Tragen: Ein Großsegler muss Unterkunftsmöglichkeiten für mindestens zehn Gäste bereithalten, die jeweils für mehrere Tage an Bord bleiben und von einer professionellen Crew unterwiesen werden.

Im vorliegenden Werk geht es allerdings weniger um die »kleinen« und sehr unterschiedlichen Schiffe, sondern um die »Großen«, die sowohl die Tradition wie den Fortschritt verkörpern.

Die letzten 100 Jahre waren geprägt von maritimen Entdeckungen auf dem Seewege, der Öffnung neuer Handelsrouten und der Entwicklung auf dem Frachtsektor. Mit den neuen technischen Möglichkeiten der Navigation wandelte sich auch das Berufsbild des Seemanns. Um das besondere Wesen der Seefahrt deutlich zu machen und den Reiz zu erklären, den sie auf uns ausübt, ist ein geschichtlicher Abriss sicherlich hilfreich.

Im 15. Jahrhundert waren die meisten Seehandelsrouten bereits entdeckt

Die großen Entdecker haben letztlich Schifffahrtsrouten eröffnet, und in Europa hat man es schnell verstanden, die neu entdeckten Länder und Regionen im eigenen Interesse zu nutzen und regelrechte Handelsrouten einzurichten. Schwer beladene Schiffe machten sich alsbald auf den Weg zu den Antillen, nach Zentral- und Nordamerika und in den Indischen Ozean. Für Amerika wurden handwerkliche Erzeugnisse, aber auch Wein und Spirituosen geladen, auf dem Rückweg füllte man die Frachträume mit Edelmetall, Häuten, Pelzen, Holz, Zucker und später auch mit Baumwolle. In jener Zeit etablierte sich auch der verabscheuenswürdige »Dreieckshandel« zwischen den europäischen Kolonialmächten in ihrer Heimat, ihren Repräsentanten in Afrika und Amerika.

Neben den bedeutenden Handelsflotten bildeten sich in jener Zeit beachtliche Fischereiflotten, deren Schiffe in Frankreich vornehmlich für den Dorsch- und Kabeljaufang auf den Neufundlandbänken ausgelegt waren.

Nach Indien exportierten die europäischen Staaten Luxusgüter, um sich dort mit Gewürzen, Seide und Porzellan einzudecken. Ab dem 18. Jahrhundert jedoch dienten die indischen Häfen vor allem für die Walfangschiffe wie für den Pelzhandel als Zwischenstopp auf der Route in den Pazifik.

Die aus Asien und Amerika importierten Reichtümer landeten zunächst in den großen europäischen Hafenstädten. Von dort wurden sie in ganz Europa verteilt, um die Bedürfnisse des »Hinterlandes« zu befriedigen. Getreide, Tuche und Stoffe, Fisch, aber auch Bauholz, Teer, Metalle und Salz diffundierten bis in die hintersten Winkel des Kontinents.

Anfang des 19. Jahrhunderts waren im Grunde nur noch die Entdeckung der Nordwestpassage, die noch bis ins 20. Jahrhundert geheimnisumwittert bleiben sollte, sowie das Kap Hoorn, an dem der Schiffsverkehr stetig zunahm, von großem Interesse.

Die Bedingungen auf See besserten sich

Anfang des 19. Jahrhunderts wurde die Seefahrt von zahlreichen tief greifenden Entwicklungen begünstigt. Bereits Mitte des 18. Jahrhunderts hatte der Zimmermann, Mathematiker und Uhrmacher-Autodidakt John Harrison ein beständig laufendes Chro-

Dem Dreimast-Toppsegelschoner Lizzy R. Wilce missglückte ein Wendemanöver, und er lief im Winter 1908 bei den Scilly-Inseln auf Grund. Die Inselgruppe vor der Südwestspitze Cornwalls ist häufig in dichten Nebel gehüllt, der schon so manchen Schiffbruch verursacht hat.
Die Mary Barrow, in Landnähe links, hatte Leuchtraketen abgefeuert und kam, anders als die Lizzy R. Wilce, mithilfe eines Seenotrettungsbootes wieder frei (vorhergehende Doppelseite).

Vor dem Landgang versammelt sich die Mannschaft der MARGUERITE DOLLFUS aus Le Havre zum Gruppenfoto an Deck. In der Mitte sind der Kapitän sowie ein Vertreter der Reederei, der Societé des Voiliers Français, zu sehen. In der vorderen Reihe sitzen der Bordhund, die Jungmannen und die Schiffsjungen, von den der Jüngste den Rettungsring um den Hals gelegt hat.

nometer konzipiert, mit dessen Hilfe die exakte Berechnung eines Längengrades möglich wurde. Der Sextant, der ebenfalls aus jener Zeit stammt, erlaubte die Bestimmung des Breitengrades. Zunächst waren allerdings nur wenige gut ausgebildete Offiziere imstande, die neuen Techniken zu nutzen.

Die Forschungsreisen jener Epoche lieferten Daten zur Erstellung präziser (See-) Karten. Und bald gab es auf immer mehr Schiffen seetaugliche Chronometer und Sextanten.

Zudem lernte man die Wesensmerkmale der einzelnen Routen immer besser kennen. Das war zu einem bedeutenden Teil dem 1806 in Fredericksburg, Virginia geborenen Matthew Fontaine Maury zu verdanken, der nach neun Jahren auf See durch einen Unfall gezwungen wurde, an Land zu bleiben. Im Jahre 1842 erhielt er eine Ernennung zum Inspektor für Karten und Instrumente der Seefahrtsbehörde in Washington und widmete sich fortan der Untersuchung von Winden und Strömungen auf dem Atlantik und am Kap Hoorn. 1847 veröffentlichte Maury im *Log for the Use of American Navigators* die Ergebnisse seiner jahrelangen Studien der Logbücher von amerikanischen Großseglern. Das Grundlagenwerk bot unzähligen Seeleuten Daten zum Abstecken ihrer Routen. Dabei entdeckten diese, dass der kürzeste Weg nicht unbedingt auch der schnellste ist.

Die bedeutenden europäischen Seefahrtsnationen des 18. Jahrhunderts nutzten die Vorherrschaft auf den Weltmeeren auch zur Sicherung ihrer politischen und ökonomischen Macht. Allzu oft ging dies allerdings zulasten der Schiffsmannschaften, die hohe Verluste aufgrund von Skorbut, einer Vitamin-C-Mangelerkrankung, zu beklagen hatten: Rund 20 Prozent der Seeleute wurden damals von dem Leiden hingerafft. Diese Misere konnte zudem sehr wohl den Erfolg militärischer Schlachten, Blockaden oder Handelsreisen gefährden. Die an Bord nach und nach zur Anwendung kommenden hygienischen Vorschriften sollten die Heimsuchung schließlich bezwingen.

Der 1855 nach einer Vorlage von James Waddel angefertigte Stich (links oben) und das holländische Ölbild aus dem frühen 17. Jahrhundert von L. Backuysen (links unten) veranschaulichen die Gefahren des Walfangs. Dieses mühsame Geschäft war mit viel Gestank, mangelnder Hygiene und langen Reisen verbunden, auf denen die Mannschaft nur selten an Land kam.

Die Qualität der Ernährung wurde langsam verbessert, und seit 1795 beherzigte die Britische Admiralität auf den Schiffen Seiner Majestät die Empfehlung des Arztes James Lind, der das Trinken von Zitronensaft empfahl. Diese Maßnahme ließ die Krankheit Skorbut nahezu verebben. Zusätzlich kümmerte man sich um eine bessere Belüftung der Mannschaftslogis und verbannte die zum Verzehr mitgenommenen Tiere unter Deck. Trotzdem sank die Sterblichkeitsrate an Bord von Kriegs- und Handelsschiffen erst im Laufe des 19. Jahrhunderts signifikant.

Segelschiffe für besondere Frachten

Der Fellhandel mit Nordamerika, die in immer entlegenere Regionen führenden Walfangreisen, der Wunsch, ebenfalls vom Asienhandel zu profitieren, aber auch die Entwicklung neuer Produkte oder Güter wie etwa das Opium oder der Tee bargen die Notwendigkeit, ständig neue Schifffahrtsrouten zu erschließen. Erneut wurden Segelschiffe für spezielle Zwecke ausgerüstet, und die Bauweise von Rümpfen und Takelagen konnte enorm verbessert werden. In den USA wie in England baute man die Klipper, jene extrem wirtschaftlichen Schiffe, die ebenfalls aus den technologischen Neuerungen Nutzen hatten ziehen können.

Ein Brecher geht über das Deck der Passat, dem letzten in der Handelsschifffahrt aktiven Großsegler. Auf derart großen und schwer beladenen Schiffen kam der blanke Hans regelmäßig an Deck, und die Männer mussten sehen, dass sie ein Strecktau zu fassen bekamen, um nicht über Bord gespült zu werden (folgende Doppelseite).

Die Walfänger weiten ihre Fanggebiete aus

Der Wal, der zunächst im Seegebiet der Azoren und später vor Neufundland und Grönland sowie in der Arktis gefangen wurde, war im Atlantik vom Aussterben bedroht. Holländische, französische, englische, deutsche, spanische, skandinavische, russische oder amerikanische Walfangschiffe konnten der hohen Nachfrage der nationalen Industrien nicht mehr genügen. Glücklicherweise entdeckte James Cook Ende des 18. Jahrhunderts auch im Pazifik Wale.

Die Walfangschiffe nahmen Kurs auf den Indischen Ozean. Sie waren die Ersten, die regelmäßig Kap Hoorn rundeten, und zwar in der gefahrvolleren Richtung, von Ost nach West. Die Walfänger jagten zunächst vor der Küste Südamerikas, wichen später aber immer weiter nach Norden sogar bis nach Alaska aus. Innerhalb weniger Jahre entwickelte sich der ganze Pazifik zum Walfanggebiet.

Die Walfangschiffe waren sehr widerstandsfähig, und ihre Mannschaften genossen den Ruf erstklassiger Seeleute. Das harte Leben an Bord der relativ kleinen Briggs oder Dreimaster forderte den Männern, die meistens für zwei Jahr anheuerten, physische und psychische Höchstleistungen ab. Eine Fangfahrt konnte bis zu vier Jahre dauern. Gejagt wurde bei jedem Wetter, und die Beiboote wurden selbst bei schwerer See ausgesetzt. Das Schiff wurde an einsamen Orten ausgerüstet und mit Lebensmitteln versorgt, die Mannschaft bekam keinen Landgang, und überhaupt war der Kapitän um jeden Preis bemüht, ein Abheuern zu verhindern. Als Folge herrschte an Bord eine oftmals unbarmherzige Disziplin einschließlich körperlicher Züchtigung und Strafentlassungen. Trotz aller Vorkehrungen kam es immer wieder vor, dass – etwa bei einem Zwischenstopp in San Francisco, wo dann Walfänger und Großsegler auf Reede lagen – Männer, vom »amerikanischen Traum« gelockt, abheuerten und auf Goldsuche gingen. Diesem Phänomen begegnete man auf die schlichte Art: Man presste die Männer in die Heuer. Das Schanghaien war damals an der Tagesordnung.

Die Europäer (mit Ausnahme der Skandinavier) gingen dem Walfang bis Mitte des 20. Jahrhunderts nach, die Amerikaner nur bis Anfang des Jahrhunderts. Zur Zeit der Blüte des Walfangs um 1850 waren in den amerikanischen Häfen mehr als 700 Fangschiffe beheimatet.

Im Jahre 1903 entdeckte der Norweger Roald Amundsen im Auftrag der Walfänger die berühmte Nordwestpassage, die es ermöglichte, Nordamerika im Norden zu runden. Sein Schiff, die Gjøa, wurde erhalten und ist heute in der Nähe von Oslo unter freiem Himmel neben der Fram bzw. dem »Fram-Museum« zu besichtigen.

Der Einfluss des Fellhandels auf die Seefahrt

Der Fellhandel war seit der Entdeckung Kanadas einer der wichtigsten Gründe für eine Seereise nach Nordamerika. Die Chinesen, aber auch die Russen

und überhaupt die Europäer handelten mit Fellen und Pelzen, sodass im 18. und 19. Jahrhundert ein eigenständiger Wirtschaftskreislauf entstand. Amerikanische und russische Schiffe belieferten die amerikanischen Indianer mit Kleidung, Schuhen und Waffen, um dafür Felle einzutauschen. Diese wurden vor allem in Kanada bis an die Atlantik- und Pazifikküste transportiert. An Land gebliebene Seeleute trugen die Felle zusammen und verbrachten sie zu den Handelshäusern an der Westküste Amerikas. Dort wurden sie mit Leichtern zu den vor der Küste auf Reede liegenden Frachtseglern übergesetzt.

Der Handel mit Fellen sowie die diversen Walfangaktivitäten haben einen bedeutenden Beitrag zur Erschließung neuer Handelswege geleistet. Im Jahre 1803 verließ Admiral Adam Johann von Kruzenshtern im Auftrag einer amerikanischen Fellhandelsgesellschaft mit den Schiffen NADEJDA und NEVA den Hafen von St. Petersburg. Die Reise führte rund Kap Hoorn in den Pazifik, nach Japan (wo man nicht sehr freundlich empfangen wurde) sowie nach China. 1806 kehrte Kruzenshtern mit wichtigen kommerziellen aber auch hydrographischen Informationen nach Kronstadt, dem Hafen von St. Petersburg, zurück. Andere Russen folgten ihm, wie etwa Otto von Kotzebue, der auf zwei hintereinander folgenden Fahrten Chile, Kalifornien und die Handelsniederlassungen in Alaska besuchte, um schließlich die Beringstraße zu durchfahren.

Die intensive Nutzung der Ressourcen führte schlussendlich zum Aussterben der Tiere. So kam der Fellhandel um 1835 vollständig zum Erliegen.

Die Leistungen der Hochseefischerei für die Erforschung der Meere

Die Hochseefischerei trieb die Erforschung der Meere voran. So weiß man, dass die baskischen Fischer bereits jahrelang vor Neufundland aktiv waren, bevor der italienische Seefahrer Giovanni Caboto 1497 das Land offiziell entdeckte. Der Aufschwung der Hoch-

In den südlichen Breiten und besonders auf der Fahrt rund Kap Hoorn fingen die Seeleute zuweilen einen Albatross, dessen Fleisch den Speisezettel bereicherte. Seine Knochen, die Füße und der Schnabel waren zur Herstellung diverser Gegenstände geeignet.

Das Einholen eines Schleppnetzes zum Fang von Hering, Dorsch, Sardinen, Sardellen oder Thunfisch. Das große Netz wurde mit einem Beiboot vom Mutterschiff weggezogen und im Kreis ausgelegt, um die Fische einzuschließen.

seefischerei nahm allerdings keineswegs einen kontinuierlichen Verlauf. Das 18. Jahrhundert und die erste Hälfte des 19. Jahrhunderts lassen sich durch eine regelrechte Flaute charakterisieren, die sowohl den Kabeljau- wie den Heringsfang einschloss. Erst in den folgenden Jahrzehnten stiegen die Fangzahlen deutlich an.

Jahrhundertelang waren die Neufundlandbänke für die Fischer der Alten Welt das Hauptfanggebiet für Kabeljau. Doch ab Mitte des 17. Jahrhunderts wurden aufgrund der ökonomischen Krise immer weniger Schiffe für Neufundland ausgerüstet. Zudem strebten die Engländer die ausschließlichen Fangrechte vor Neufundland an. Ab der Mitte des 18. Jahrhunderts begannen auch die Amerikaner auf den Neufundlandbänken zu fischen und rüsteten bis zum Jahre 1800 rund 1000 Schiffe für die Fanggründe aus. Mitte des 19. Jahrhunderts kamen dann auch wieder vermehrt Fischer aus dem Baskenland, der Bretagne, aus Spanien oder Portugal auf die Neufundlandbänke. Der Kabeljau wurde an Land zum Trocknen ausgebreitet und später nach Europa verfrachtet. Außerdem nutzten die Fischer die Möglichkeit, den Fisch während der Fangzeit an Bord einzusalzen. Ende des 19. Jahrhunderts entwickelte sich dieses Konservierungsverfahren zur ausschließlichen Methode.

In der Anfangszeit unterschieden sich die Neufundlandfahrer nur wenig von den damals üblichen Handels- und Walfangschiffen. Erstmals zwischen 1870 und 1890 wurden die Segler speziell für diese Unternehmung ausgerüstet. Die Bretonen fuhren meist auf Barkentinen, die Portugiesen zunächst auf Drei-, dann auf Viermast-Schonern. Diese entwickelten sich bis 1930 zu Schiffen von der Art der CREOULA weiter, die noch heute flott ist und segelt. Man traf auf den Neufundlandbänken aber auch andere Schiffstypen wie Barken, Briggs, Brigantinen und Gaffelschoner an. Nach und nach begannen die Fischer, ihre Fanggebiete auch auf die Gewässer vor Grönland und Island

Auf der linken Seite oben rechts ist das Waschen der Fische zu sehen. Die anderen drei Fotos zeigen an Bord von portugiesischen Neufundlandfahrern festgelaschte Dorys, einen Fischer mit seinem Fang und das Einsalzen des Kabeljaus unter Deck.

Der englische Klipper LADY EGIDIA, 1860 bei Barr & Shearers in Glasgow gebaut, wird 1875 in Kalkutta mit Baumwolle beladen (oben).

An Deck der PARMA. Hoffentlich schützt das Ölzeug wenigstens ein bisschen. (folgende Seite).

auszudehnen. Mit den Fanggründen wandelten sich die Fangmethoden. Die Kanadier und Amerikaner benutzten dafür schlankere und schnellere Schoner, die nunmehr kürzere Strecken zurücklegten und häufiger Zwischenstopps in den Häfen machten.

Da der Hering seit dem Mittelalter ein wichtiger Bestandteil des europäischen Speisezettels war, folgten die Heringsfänger der Anrainerstaaten von Nord- und Ostsee, im Besonderen die englischen und holländischen Schiffe, den saisonbedingten Wanderungen der Fischschwärme vom Ärmelkanal bis nach Norwegen.

DIE ERSTEN AMERIKANISCHEN KLIPPER

Vom Opiumhandel zum Transport von Passagieren

Der Opiumhandel im Chinesischen Meer war zwar anrüchig, beflügelte aber die Entwicklung im Segelschiffbau. Das Opium wurde wohl um 1720 von den Portugiesen in China eingeführt. Seit Anfang des 19. Jahrhunderts kam die Droge vornehmlich aus Indien. Den Schleichhandel rechtfertigte man in den westlichen Ländern mit der Tatsache, dass China zwar Seide, Porzellan und Tee exportierte, im Gegenzug aber keine Importe tätigte.

In den Anfängen bedingten die wechselhaften Windverhältnisse, dass die Schiffe nur einmal im Jahr von Indien nach China und zurücksegeln konnten. Um 1830 bemühten sich die Amerikaner um Einfluss in dem von England beherrschten Opiumhandel mit Indien und entschieden, die Strecke mehrmals im Jahr zu befahren, wobei sie sowohl Kreuzkurse als auch die wegen der chinesischen und malaiischen Piraten gefährliche Route in Kauf nahmen. Zu diesem Zweck sahen sie sich gezwungen, schlanke Zwei- oder Dreimast-Schoner mit einer überdimensionierten Segelfläche zu konstruieren, die als »Opiumklipper« bezeichnet wurden. Die Bezeichnung Klipper stammte von jenen schnellen Segelschiffen, die 1812

Mediaval

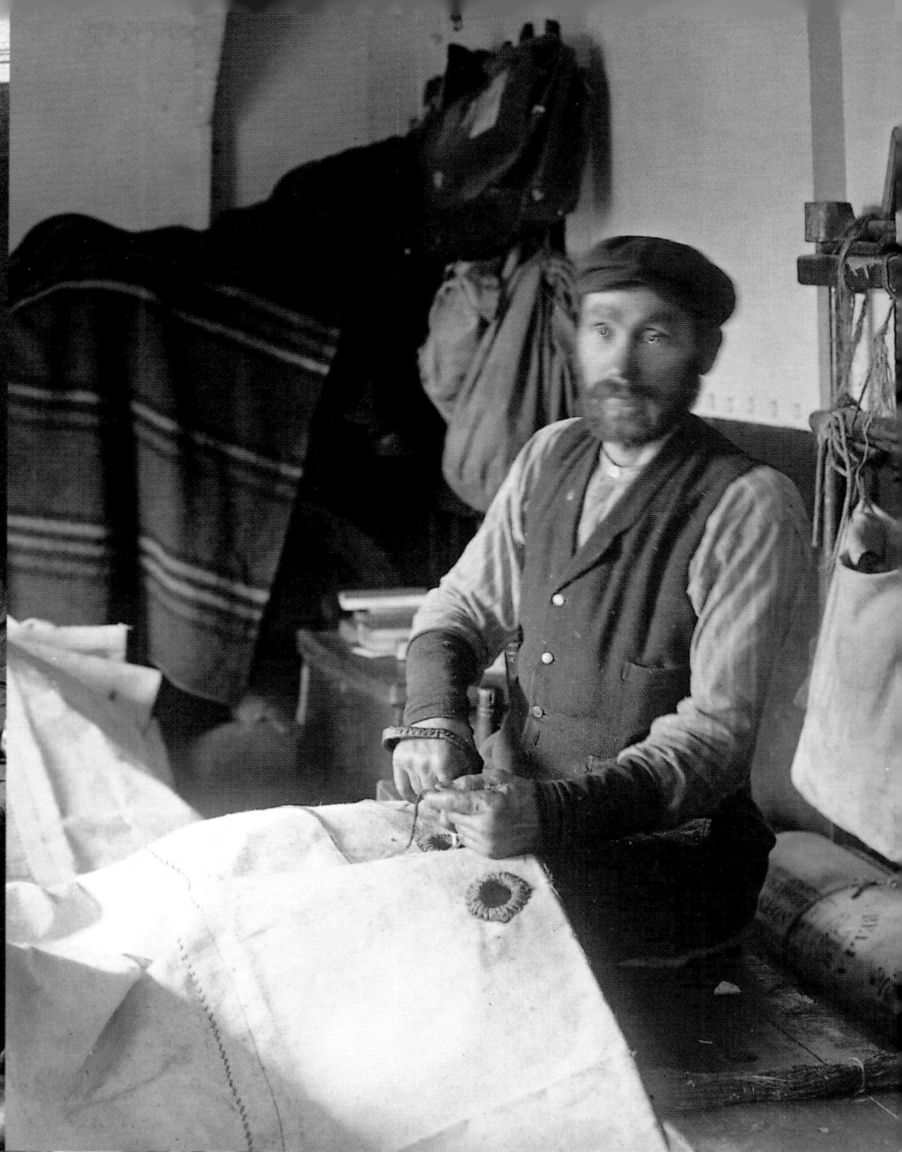

in Baltimore während des anglo-amerikanischen Krieges für den Bruch der Küstenblockade gebaut wurden. Im Zusammenhang mit den Opiumschiffen war oft von so genannten Klippern die Rede, doch hatten diese Schiffe weder die lang gestreckte Bug- und Heckpartie noch das Längen-/Breitenverhältnis oder die riesige Segelfläche ihrer ab 1840 gebauten amerikanischen Namensvettern.
Berühmte amerikanische Klipper wie die RAINBOW oder die ORIENTAL nahmen ebenfalls am Opiumhandel teil. Die aufkommende Dampfschifffahrt läutete das Ende dieser Segler ein.

Immer schnellere Segelschiffe
Mitte der 40er-Jahre des 19. Jahrhunderts widmeten sich die großen Werften an der Ostküste der USA dem Bau von Klippern. Die Entdeckung der Goldvorkommen in Kalifornien (1848) und Australien (1850) weckte bei unzähligen Passagieren den Wunsch, so schnell wie möglich dorthin zu gelangen. Die Reeder kamen diesem Bedürfnis mit dem Bau von immer schnelleren Seglern nach. Einige amerikanische Werften begannen, mit viel Einfallsreichtum die Leistungen ihrer Schiffe zu steigern.
Die Schiffe wurden allgemein größer gebaut, und die Rümpfe bekamen schlankere Linien. Die Unterwasserschiffe wurden zum Schutz gegen Verunreinigungen und Schiffsbohrwürmer mit Kupfer beschlagen. Die Festigkeit der Rümpfe konnte mit Holz- und Eisenkonstruktionen verbessert werden. Die Takelage der Drei- und Viermaster wandelte sich erheblich, wobei als wichtigste Neuerungen die Unterteilung in Ober- und Untersegel sowie die zusätzlichen Bei- oder Leesegel zu nennen wären. Die Verkleinerung der einzelnen Segel erleichterte die Manöver und schonte die Kräfte der Mannschaft.
Zwischen 1850 und 1855 wurden bei William H. Webb in New York und Donald McKay in Boston die

Oben links: die Offiziere der Bark MARIE, um 1900. Oben rechts: der Segelmacher der englischen Viermast-Bark LYNTON bei der Arbeit. Unten: während einer Wende am Gangspill (vorhergehende Seite).

Die Mannschaft eines »Islandfahrers«, der vor Island auf Kabeljaufang geht (unten).

Die MAYFLOWER II ist der originalgetreue Nachbau der MAYFLOWER I (rechte Seite).

berühmten amerikanischen Klipper vom Stapel gelassen. Die Geschwindigkeitsrekorde überschlugen sich und blieben auf lange Zeit unerreicht. Die 1853 von Webb konstruierte YOUNG AMERICA, ein rahgetakelter Dreimaster von 72 Meter Länge, 12,80 Meter Breite und einer Verdrängung von 1962 Tonnen, segelte in 81 Tagen von Liverpool nach Melbourne. In den Jahren 1852 und 1853 baute Donald McKay im Auftrag von James Baines, den Gründer der Black Ball Line, vier Klipper für den Transport englischer Auswanderer nach Australien, darunter auch die LIGHTNING. Diese ersegelte bereits auf ihrer ersten Überreise von Boston nach Liverpool einen Rekord: Sie brillierte mit einem Etmal von 436 Seemeilen, was einen Geschwindigkeitsdurchschnitt von 18 Knoten gleichkam. Noch im vorhergehenden Jahrhundert hatten die Handelsschiffe kaum mehr als sechs Knoten erreichen können! Auf der Strecke Melbourne – Liverpool errang die LIGHTNING mit 64 Tagen, drei Stunden und zehn Minuten einen weiteren Rekord, den sie bis heute hält. Doch waren diese Leistungen nicht die einzigen Fortschritte der Segelschiffe. Auch der Komfort für die Passagiere hatte sich gebessert. Sie reisten mittlerweile in eigenen Kabinen und kamen teilweise sogar in den Genuss einer Bibliothek.

Im Trockendock in Liverpool; links zwei Frachtsegler, rechts ein Dampfschiff mit Hilfsbesegelung (linke Seite oben).

1895: Einige Schaulustige warten auf den Stapellauf der NOKOMIS auf der Werft der Gebrüder Hall in Port Blakely bei Seattle, USA. Der Bau zweier anderer Rümpfe ist unterschiedlich weit fortgeschritten. Die Trockendocks werden nur zu Reparatur- und Wartungsarbeiten genutzt; Neubauten werden direkt an der Uferböschung auf Kiel gelegt (linke Seite unten).

Nun wurden die aus weichem Holz gebauten Schiffe von ihren Kapitänen bis an ihre Grenzen belastet. Die Konstruktionsweise entsprach nicht mehr den Anforderungen an diese derart schnell segelnden Fahrzeuge, sodass recht umfangreiche Reparaturen notwendig wurden. Die hohen Kosten ließen sich selbst nicht mehr mit den immensen Frachtgewinnen decken, und so wurden zahlreiche Segelschiffe an der Ostküste der Vereinigten Staaten aufgelegt. Um 1850 geschah dies auch mit vielen Schiffen aus San Francisco: Kaum dass sie die Golden Gate Bridge passiert hatten, wurden sie von ihren Mannschaften, die ihr Glück eher bei der Goldsuche als auf See erhofften, aufgegeben.

DIE ENTWICKLUNG DER ENGLISCHEN KLIPPER

Als besonders einträglich erwies sich eine Ladung Tee für jenes Schiff, das als erstes in Europa eintraf. Tee wurde seit dem 17. Jahrhundert importiert und anfänglich als Heilmittel gehandelt. Besonders beliebt war er in England, das rund ein Drittel der Importe verkonsumierte. Gleichwohl war der Tee nur eine Ergänzung zur Fracht, welche die East India Company (EIC) transportieren ließ. Ihre Schiffe, die so genannten »East Indiamen«, waren aus den Kriegsschiffen des 18. Jahrhunderts hervorgegangen und hatten keine wesentliche Entwicklung durchgemacht. Vom Aussehen her ähnelten sie ihren Vorgängern, da der Anstrich der Bordwände die Existenz zweier Batterien vortäuschte. Das Hauptdeck wurde von Back und Poop eingeschlossen und seit dem frühen 19. Jahrhundert mit einem durchlaufenden Oberdeck »überdacht«. Im neu entstandenen Zwischenraum fanden die an Bord noch immer gebräuchlichen Kanonen Platz und Schutz.

Auf den Schiffen der Royal Navy wurde diese Innovation erst 30 Jahre später eingeführt. Ein altes Gesetz, das »tonnage law«, das die Steuer für Schiffe allein aufgrund ihrer Länge und der Breite berechnete, ermunterte die Reeder, Schiffe mit schlanken Linien in Auftrag zu geben. Wegen der für die 12- bis 18-monatigen Reise erforderlichen Festigkeit waren die Schiffe sehr schwer zu manövrieren. Zur Schonung des Materials während langer Fahrten ließen die Kapitäne immer nur einen Teil der umfangreichen Segelgarderobe setzen. Auf den meisten der etwa 50 Meter langen und 1200 Tonnen verdrängenden East Indiamen fuhren rund 120 Mann Besatzung.

Seit Ende der 30er-Jahre des 19. Jahrhunderts hat sich die Konstruktion von Schiffen in Großbritannien deutlich gewandelt. Im Sinne der Leistungssteigerung experimentierte man mit unterschiedlichen Rumpfformen und Riggs, wobei sich die schottische Werft Alexander Hall & Sons in Aberdeen mit frühen Versuchen im Schlepptank profilierte.

Nach dem ersten Opiumkrieg beschleunigte die Öffnung der internationalen Häfen das Tempo des Teetransportes nach Europa. Auch die amerikanischen Reeder beteiligten ihre Opiumklipper am Teehandel mit der Heimat. Berühmte Schiffe wie RAINBOW, SEA WITCH, HOUQUA, SAMUEL RUSSEL, ARCHITECT, MEMNON und ORIENTAL lieferten den Tee in einer Art Staffellauf nach New York.

Mit der Aufhebung des britischen Teehandelsmonopols im Jahre 1849 konnten sich die amerikanischen Schiffe recht bald als die Schnellsten auf der Strecke von China nach London beweisen. Die ORIENTAL benötigte in jenem Jahr gerade einmal 97 Tage von Hongkong zum West India-Dock in der englischen Hauptstadt.

Klipper aus Holz und aus Eisen

Die Reaktion der Briten ließ nicht lange auf sich warten, und so liefen bereits 1850 bzw. 1851 die beiden Klipper STORNOWAY und CHRYSOLITE bei Alexander Hall & Sons in Aberdeen vom Stapel. Sie waren rund 48 Meter lang und verdrängten fast 600 Tonnen. Von 1852 an bemühten sich die amerikanischen wie englischen Kapitäne der Klipper alljährlich in einem kommerziellen wie sportiven Wettstreit darum, als Erste den Tee in London abzuliefern. Dem Sieger winkten begehrte Prämien. Im gesamten Königreich wurden in Folge rund 100 der Großsegler auf Kiel gelegt, die im Prinzip alle zum Gewinner taugten. Um 1859 beendeten die Amerikaner ihre Teilnahme an den Teerennen nach Europa.

Anfang der 60er-Jahre des 19. Jahrhunderts entstanden in Großbritannien die ersten Klipper in Kompositbauweise, deren Konstruktion Dank der Materialverstärkung nicht nur fester, sondern auch kostengünstiger war. Das stehende Gut wurde nun nicht mehr aus Hanf, sondern aus Draht gefertigt. Um 1860 erreichten die englischen Klipper ihre Perfektion und konkurrierten bis 1875 erfolgreich – trotz der Eröffnung des Sueskanals im November 1869 – mit den nunmehr in der Ostindienfahrt eingesetzten Dampfschiffen. Die Namen dieser schnellen Schiffe klingen noch heute: TAEPING, ein 56-Meter-Vollschiff, 1863 am schottischen Clyde vom Stapel gelaufen; ARIEL, ein Vollschiff von 60 Meter Länge, bis 1865 ebenfalls am Clyde gebaut; THERMOPYLAE, ein 64-Meter-Vollschiff, das im August 1868 in Aberdeen zu Wasser kam; und schließlich die berühmte CUTTY SARK, ein Vollschiff, 64 Meter lang, 1869 bei der Werft Scott & Linton in Dumbarton vom Stapel gelaufen. Dieser Segler liegt seit 1957 im Trockendock von Greenwich und ist dort heute der Öffentlichkeit zugänglich.

1866 fand ein für die Folgezeit besonders bedeutungsträchtiges Teerennen statt. Die vier ersten Klipper verließen Fuzhou am 30. Mai und blieben fast die ganze Reise bis nach London in Sichtweite. Die TAEPING und die ARIEL liefen schließlich nach knapp 99 Tagen (98 Tage und 22,5 Stunden) auf See am 6. September fast gleichzeitig in den englischen Hafen ein, die FIERY CROSS 36 und die SERICA wenige Stunden später. Nach einigen Monaten lieferte die TAEPING einen neuen Rekord: Sie legte die Strecke Fuzhou–London in 97 Tagen zurück!

Die Route um Kap Hoorn

Obwohl amerikanische Reeder am Frachtverkehr zwischen China und Europa nicht mehr teilnahmen, wurden in den USA weiterhin Drei- und Viermast-Vollschiffe gebaut. Diese fuhren im Weizenhandel auf der Route rund Kap Hoorn nach Kalifornien, da noch keine Eisenbahnverbindungen zwischen Ost- und Westküste existierten. Bereits in den 50er-Jahren des 19. Jahrhunderts entstanden auf den Werften der Ostküste, die von nahen und ausgedehnten Waldbeständen profitierten, alljährlich rund 100 größere Segelschiffe. Der Bau von Segelschiffen nahm auch aufgrund des Goldrausches in Kalifornien um 1850 drastisch zu; bis zu seinem Ende 1856 passierten die Schiffe deshalb Kap Hoorn. 1849 waren es zum Beispiel 775 Schiffe (ein Jahr vorher nur 13).
So hatte sich in der ersten Hälfte des 19. Jahrhunderts die Schifffahrtsroute rund Kap Hoorn etabliert.
Auch das spanische Handelsmonopol mit Südamerika besaß keinerlei Geltung mehr. Die Briten und später auch die Amerikaner starteten erste Handelsaktivitäten. Mit der Unabhängigkeit entwickelten die ehemaligen Kolonien ausgeprägte materielle Bedürfnisse. Valparaiso wurde zum Umschlagplatz für Handelswaren aus Übersee, die dann von amerikanischen Schonern an der Pazifikküste hinauf bis nach Kalifornien transportiert wurden. Auf dem Rückweg luden diese Schiffe Kupfer aus Chile und Bolivien sowie bolivianischen Salpeter, der zur Herstellung von Schwarzpulver verwendet wurde. Er wurde um Kap Hoorn nach Europa geschifft. Und so verlor der Handelsweg über Panama ab 1815 zugunsten der Route rund Kap Hoorn an Bedeutung.
Ab 1850 war klar, dass alle schweren und wertvollen Handelsgüter Kap Hoorn passierten, und zwar in beiden Richtungen. Selbst als die Dampfschifffahrt den Frachtschonern entlang der Pazifikküste schon erheblich Konkurrenz machte, blieb das Kap Hoorn zumindest im 19. Jahrhundert den Segelschiffen vorbehalten.

Die Übermacht der grossen amerikanischen Schoner

Um 1850 zwang der verstärkte Einsatz von Dampfschiffen in der Küstenfahrt die Amerikaner zum Bau immer größerer Schoner. Diese waren meist als Zweimaster geriggt, etwa 30 Meter lang und für den Transport von Weizen, Kohle, Bauholz, Ziegelsteinen oder Baumwolle ausgerüstet. Dank der großen Waldbestände in Werftnähe war ihr Bau recht kostengünstig. Auch konnte die Mannschaftsstärke im Vergleich zu den rahgetakelten Frachtschiffen erheblich verringert werden.
Ab 1850 richtete sich das Augenmerk beim Entwurf eines Schiffes immer stärker auf die potenzielle Geschwindigkeit der Schoner. Um 1880 wurden die Schiffe dann zugunsten der Ladungskapazität immer größer und erhielten zunächst einen dritten, später noch einen vierten Mast. Und in der folgenden Dekade wurden gar Fünfmastschoner gebaut. Die absolute Krönung war die THOMAS W. LAWSON aus dem Jahre 1902, die mit ihren sieben Masten von einer einschließlich der Offiziere nur 16-köpfigen Mannschaft gesegelt werden konnte. Bis in die Zeit vor dem Zweiten Weltkrieg gebaut, segelten derartige Schoner auf den Großen Seen, aber auch im nordamerikanischen Küstenverkehr des Pazifiks und Atlantiks sowie in der Karibik. Die größten Schiffe wurden sogar im Überseehandel eingesetzt.
Die letzten großen, aus Holz gebauten Rahsegler waren die Down Easters. Sie entstanden im letzten Viertel des 19. Jahrhunderts in Maine und Massachusetts an der amerikanischen Ostküste – daher ihre Bezeichnung. Das Holz stammte aus den üppi-

Das Deck der 1903 in Schottland gebauten CASTLETON steht voll unter Wasser. Die Brassen und das andere laufende Gut liegen aufgeschossen auf den Deckshäusern und den Laufbrücken, damit die überkommenden Seen sie nicht von Bord waschen (vorhergehende Seite).

Das Kap Hoorn, hier bei ungewöhnlich gutem Wetter aufgenommen, ist zweifellos für jeden Segler auf großer Fahrt ein mystischer Ort – und ein gefährlicher noch dazu.

gen Wäldern der Umgebung und war wegen der geringen Frachtkosten ein besonders kostengünstiges Material. Die schlanken und schnellen Down Easters verfügten über immense Ladekapazitäten und sind als die Glanzstücke unter den großen, in Holz gebauten Rahseglern anzusehen. Sie waren erheblich größer als die Klipper, doch ihre Takelage fiel schlichter aus. Dabei ähnelten sich ihre Segeleigenschaften, was vor allem auf der Strecke von New York nach San Francisco von Bedeutung war.

Die Blüte der Segelschifffahrt

Der Bau des Sueskanals forcierte paradoxerweise die Konstruktion zahlreicher sehr leistungsstarker Großsegler. Damals waren Dampfschiffe noch nicht sehr schnell und mussten sich zudem regelmäßig und in kurzen Abständen mit Kohle versorgen; Segelschiffe hatten dafür den Umweg um Südafrika in Kauf zu nehmen. Zeitverluste und die Schleppgebühren für den Kanal sowie der starke Gegenwind machten diese Strecke für Segler unattraktiv, und die Route um das Kap der Guten Hoffnung nahm noch nicht einmal mehr Zeit in Anspruch.

Weit gefehlt, dass die Eröffnung des Sueskanals im November 1869 den viel beschworenen Tod der Segelschifffahrt bedeuten sollte. Im Gegenteil: Reeder wie Konstrukteure waren motiviert, die Vollendung der Großsegler zu betreiben. Die Segelschiffe mussten in ihren Leistungssteigerungen mit den Dampfern gleichziehen, welche im besonderen Maße vom Transport von Passagieren lebten. Längere Fahrten jedoch wie etwa nach Ozeanien und in den Pazifik blieben ihnen zunächst aufgrund der zahlreichen Zwischenstopps zum Kohlebunkern verwehrt.

Für die Großsegler dagegen erwies sich der Transport von Schwer- und Massengütern angesichts der hohen Ladekapazitäten weiterhin als rentabel.

Zwischen 1860 und 1880 blieb das Frachtvolumen der Großsegler weitgehend konstant, während sich

das der Dampfschiffe langsam vergrößerte. Der Wollhandel mit Australien sowie der Kauf von Jute in Kalkutta und von Weizen in San Francisco sicherte zunächst noch den Bestand der Segelschifffahrt. Das änderte sich erst um 1880 mit dem Bau von Dampfern, die weit mehr Ladekapazität als die Segelschiffe aufwiesen.

In Port Blakely am Puget Sound wird Holz geladen (1905).

Nach der glorreichen Ära der Klipper wurde es in den letzten beiden Jahrzehnten des 19. Jahrhunderts Dank der Verwendung von Eisen und später Stahl möglich, die Größe der Rümpfe und Riggs zu verdoppeln und auch die Zahl der Masten zu erhöhen. Drahttauwerk ersetzte die groben Leinen des stehenden Guts, und an Stelle der Jungfernblöcke benutzte man nun stählerne Wantenspanner. Einige dieser »Kathedralen zur See« erreichten Höhen von mehr als 60 Metern über der Wasserlinie. Die Rümpfe waren zunächst knapp 100 Meter lang, später sogar noch länger. Die Unterwasserschiffe wurden für höhere Frachtvolumina gezeichnet, und insgesamt standen die Entwürfe unter dem Zeichen der Rentabilitätsmaximierung.

Staatliche Finanzspritzen kurbelten den Schiffbau Ende des 19. Jahrhunderts gerade in Frankreich erneut an. Diese »bounty ships«, also die subventionierten Schiffe, genossen weltweit einen exzellenten Ruf. Hunderte von Viermastern wurden gebaut: zunächst als Barken und dann als Vollschiff. Die 1890 in Glasgow vom Stapel gelaufene FRANCE I war mit ihren 110 Meter Länge die erste Bark mit fünf Masten. Es folgten sechs weitere Schiffe dieser Art: MARIA RICKMERS, POTOSI, PREUSSEN, R.C. RICKMERS, FRANCE II (mit 128,75 Meter Länge der größte Frachtsegler aller Zeiten) und die sowohl als Frachter wie als Schulschiff konzipierte KØBENHAVN.

Fischzug in Alaska

Im Europa des 19. Jahrhunderts führten die Überfischung und vor allem die Verschmutzung der Flüsse durch die unzähligen Fabriken, die in der Zeit der industriellen Revolution entstanden waren, zum Aussterben der Lachse. Die Japaner und auch die Amerikaner begannen, die ihrer Küste vorgelagerten Gewässer des Nordpazifiks abzufischen und die Fanggebiete auszudehnen. Um 1900 waren die Fanggründe vor Alaska sehr ergiebig und die Erträge gewaltig. Nachdem Versuche fehlgeschlagen waren, den Lachs einzusalzen, begann man mit der Konservierung der Fische in Weißblechdosen.

Bereits 1909 schickten mehrere Reedereien ihre Segelschiffe für die Fangsaison von Kalifornien nach Alaska. Im folgenden Jahr schlossen sie sich zusammen und gründeten die Alaska Packers Association. Sie verfügten vornehmlich über hölzerne Rahsegler, die von den großen amerikanischen Flotten übriggebliebenen waren; einige wenige stammten aus Großbritannien. Bisweilen zählte man mehr als 20 Schiffe, deren Namen alle mit »Star of« begannen.

Die Großsegler überwinterten in der Nähe von Oakland in der San Francisco Bay. Im Frühling segelten sie nach Alaska hinauf, wo die Fischer an Land gingen. Nach vier Monaten, im Herbst, wurden die Schiffe beladen und kehrten nach San Francisco zurück. Diese Reise dauerte im Allgemeinen vier bis sechs Wochen.

Die Geschichte der Rahsegler der Alaska Packers Association endete im Jahr 1939, weil es an ausgebildeten Offizieren und Mannschaften fehlte. Einige der Schiffe kamen allerdings noch in den Genuss eines langen und schönen Lebens. Zwei von ihnen sind die heutigen Museumsschiffe STAR OF INDIA in San Diego und die BALCLUTHA, die ex-STAR OF ALASKA in San Francisco.

Die letzten grossen europäischen Reedereien

Das Ende der Großsegler-Ära in Europa wurde von drei großen Reedereien bestimmt. Diese hatten sich in den Jahrzehnten zuvor besonders um die Förderung, die technische Entwicklung, die Anpassung an die Anforderungen des Handels und den Erhalt der Segelschifffahrt im Allgemeinen gekümmert. Die Männer, die jene Großsegler durch alle Weltmeere führten, zählten zu den kompetentesten Seeleuten mit umfangreichen Erfahrungen und Kenntnissen, die den schwierigsten Bedingungen gewachsen waren.

Die Reederei Bordes de Nantes

In Frankreich war die Reederei Bordes de Nantes einzigartig. Kein anderes Unternehmen hat derart viele Segelschiffe besessen, und keines hat überhaupt so lange existiert: In den 80 Jahren ihres Bestehens haben 127 Schiffe unter dem Kommando der Bordes de Nantes gestanden.

Die von Antoine Dominique Bordes gegründete Reederei verfügte nach kurzer Zeit bereits über 24 Schiffe. 1869, im Jahr der Eröffnung des Sueskanals, orderte das Unternehmen auf britischen Werften 14 Dreimaster aus Eisen. Trotz einer ausgesetzten Prämie erwies es sich seit langem als kostengünstiger, Schiffe im Ausland bauen zu lassen. Erst 1894, und damit ein Jahr nach der Novellierung des Prämiengesetzes, bestellte Bordes sein erstes Schiff in Frankreich. Damals liefen 17 Schiffe bei der Werft Hexagone vom Stapel.

Während des Ersten Weltkrieges verschwanden 22 der 46 Drei- und Viermaster der Reederei Bordes von der Bildfläche. Zum einen hatte der Krieg die Flotte zugrunde gerichtet. Zum anderen erzwang die neue gesetzlich festgestellte Arbeitszeitregelung die Einstellung von 50 Prozent mehr Leuten und zog die Auflegung zahlreicher französischer Segelschiffe auf großer Fahrt nach sich.

Trotz des Erwerbs einiger Dampfschiffe musste Bordes 1935 aufgeben. Dabei hatte das Haus zahlreichen Neuerungen zum Durchbruch verholfen. Ein Beispiel: Ohne Ladung segelnde Schiffe sahen sich aus Stabilitätsgründen genötigt, Ballast zu fahren, dessen letztlich nutzloses Be- und Entladen teuer und zeitaufwändig war. Antoine Dominique Bordes hatte die Idee, die Schiffe mit Wasser zu füllen und führte den Wasserballast ein. Bordes de Nantes war zudem die erste Reederei, die Viermaster einsetzte.

Die deutschen Reedereien

Mit der politischen Einigung Deutschlands im Jahre 1871 entstanden einige große Reedereien im Lande, von denen die von Ferdinand Laeisz in Hamburg und Rickmer Clasen Rickmers in Bremerhaven besonders erwähnenswert sind. Der Hamburger Bürger Laeisz war kein Reeder von Haus aus, sondern Hut-

Das Rigg bedarf der andauernden Überwachung: Da werden die Sturmschäden repariert, das schamfilte Tauwerk ausgewechselt, die Effizienz so mancher Teile verbessert. Dieser Mann sitzt rittlings auf einer der unteren Rahen und arbeitet am stehenden Gut.

macher. Da sich seine Geschäfte auch in Übersee sehr gut entwickelten, ließ er 1839 sein erstes Schiff bauen: die CARL, eine 28 Meter lange hölzerne Brigg – mit 96 Commerzlasten vermessen.

Es folgten weitere Schiffe. Viele begannen mit dem Buchstaben »P«. Doch erst 1877 wurde es Tradition, die Ära der so genannten P-Liner begann. 1892 wurde der erste Viermaster, die PISAGUA, und im Jahre 1895 mit der POTOSI die erste Fünfmastbark geordert. Das Fünfmast-Vollschiff PREUSSEN war im Jahre 1902 mit seinen 124,40 Meter Länge und einer Segelfläche von 5560 Quadratmetern das größte Segelschiff seiner Zeit.

Mit der Niederlage von 1918 verlor Laeisz seine gesamte Flotte an die Alliierten, die er aber nach und nach zu niedrigen Preisen von ihnen zurückkaufen konnte, denn sie besaßen nicht die Mittel, um mit derartigen Schiffen zur See zu fahren. Als einer der wenigen Reeder ließ Laeisz noch nach dem Ersten Weltkrieg zwei große Segelschiffe bauen: 1919 den Viermaster PRIWALL und 1926 die Viermastbark PADUA, die heutige KRUZENSHTERN. Die Schiffe fuhren bis 1939 für Laeisz und nahmen unter anderem auch am letzten großen Weizenrennen von Australien nach Europa teil.

Die Firma Rickmers begann 1834 als handwerklicher Werftbetrieb in Bremerhaven und entwickelte zwei Geschäftszweige: Schiffbau und Schifffahrt. 1848 wird Rickmers Reeder: Seine Flagge wehte zum ersten Mal auf der BASSERMANN, einer Brigg von 205 BRT. Das zweite Schiff WILLY lief elf Jahre später von Stapel, mit 855 BRT. Die Rickmers Reederei sitzt heute in Hamburg. Dort ist auch die 97 Meter lange Bark RICKMER RICKMERS zu besichtigen, die 1896 als Vollschiff gebaut wurde.

Die finnische Reeder Erikson

Der finnische Kapitän Gustaf Erikson war ein leidenschaftlicher Anhänger und letzter Verfechter der Handelsschifffahrt unter Segeln. Nach seiner eigenen jahrelangen Fahrenszeit ließ sich der 41-jährige 1913 in Mariehamn, der Hauptstadt der Åland-Inseln, nieder und kaufte einen alten russischen Dreimaster. Der Zuwachs im Frachtaufkommen und die Neutralität Finnlands boten ihm während des Ersten Weltkriegs die Gelegenheit, mit dem Kauf zahlreicher Segelschiffe, die als Reparationszahlung an andere Länder gegangen waren, eine ansehnliche Flotte aufzubauen und stattliche Gewinne einzufahren. Auf diesem Wege wurde er Eigner des berühmten belgischen Segelschulschiffes L'AVENIR und der gut berufenen LAWHILL. Auch der Rückgang der Handelsaktivitäten in den 20er-Jahren konnte Erikson nicht entmutigen. Seine Strategie war, die großen Flying-P-Liner von Laeisz, die PAMIR, PASSAT, PENANG und POMMERN zurückzukaufen, die als Reparationsleistungen in andere Länder gegangen waren. Dies erwies sich bis zum Zweiten Weltkrieg als erfolgreich, zumal er sehr niedrige Preise zahlte, weil andere Reeder längst das Vertrauen in die Segelschifffahrt verloren hatten. Dass die Segler gleichzeitig als Schulschiffe genutzt wurden, trug zur Rentabilität des Unternehmens bei.

Der Zweite Weltkrieg bereitete den Träumen des Gustaf Erikson das definitive Ende. Bis dahin waren 46 Großsegler unter der Flagge des berühmten Reeders von den Åland-Inseln gefahren, der zudem an zahlreichen weiteren Schiffen beteiligt war. Den Zweiten Weltkrieg konnte sein Unternehmen allerdings nur durch den Einsatz von Motorschiffen überdauern.

Vor dem Ersten Weltkrieg gab es noch mehrere hundert Segelschiffe auf großer Fahrt, während man vor dem Zweiten die Schiffe nur noch im zweistelligen Bereich zählte. Zwischen den beiden Weltkriegen hatten allein die drei genannten Reedereien aus Frankreich, Deutschland und Finnland sowie die Alaska Packers Association und schließlich einige Betreiber von Segelschulschiffen für den Erhalt der abenteuerlichen Schifffahrt unter Segeln gesorgt. Ihnen ist es auch zu verdanken, dass einige Großsegler weiter bestehen konnten. In jener Zeit hat eine ganze Reihe junger Seeleute ihre Begeisterung für die großen Segelschiffe entdeckt. So waren sie in der Lage, dieses spezielle Interesse nach 1945 an die folgenden Generationen weiterzugeben.

Kleine Handelsschiffe, darunter eine amerikanische Brigg (rechte Seite oben).

Die Neufundlandfahrer laufen aus. Wie jedes Jahr Ende Februar bzw. Anfang März liegen sechs harte Monate auf den Neufundlandbänken vor ihnen (rechte Seite unten).

COTE D'EMERAUDE

8. - St-MALO. - En route pour le banc de Terre-Neuve

Grosssegler heute

Entspannung auf der Fryderyk Chopin.

Die Auswirkungen des Zweiten Weltkrieges

Mit dem Einmarsch der Deutschen in Polen im Jahre 1939 und dem Kriegseintritt der wichtigen europäischen Nationen war das Ende der Handelsschifffahrt mit Großseglern eingeleitet. Allein die PAMIR und die PASSAT konnten von einem deutschen Reeder vor der Zerstörung gerettet und noch bis in die 50er-Jahre als kombinierte Handels- und Schulschiffe gesegelt werden. Der tragische Untergang der PAMIR vor den Azoren im Jahre 1957 mit dem Verlust von 80 Seeleuten schien diese Phase endgültig zu beenden. In den Niederlanden sowie den Ostsee-Anrainerstaaten wurden Segelfahrzeuge noch in bescheidenem Ausmaß für den Küstenhandel genutzt. Die nur rund 40 Meter langen Schiffe waren meist Holzkonstruktionen; Ausnahmen aus Eisen oder Stahl existierten nur in Deutschland und den Niederlanden. Auf bestimmten Werften in Dänemark wurden noch bis Anfang der 50er-Jahre solche Schiffe gebaut. In den 60er- und 70er-Jahren verloren die meisten ihr Rigg, doch erst zu Beginn der 80er-Jahre kam die Mehrzahl aufs Altenteil. Unter den Hochseefischern waren es die portugiesischen Schiffe, die am längsten nach Neufundland segelten. Die beiden Viermast-Gaffelschoner CREOULA und ARGUS hatten ihre letzte Fangsaison im Jahre 1975 und wurden danach aufgelegt. Von Frankreich aus segelten bis 1948 zwei Barkentinen aus Saint-Malo zu den Neufundlandbänken: die COMMANDANT LOUIS RICHARD, die heutige PALINURO, sowie die LIEUTENANT RENÉ GUILLON.

Das Segelschulschiff der italienischen Marine PALINURO, die ehemalige COMMANDANT LOUIS RICHARD, wurde 1934 bei Anciens Chantiers Dubigeon in Nantes fertig gestellt und zählte zu den letzten einst in Saint-Malo beheimateten Neufundlandfischern.

Schiffneubau in den 50er-Jahren

In den 50er-Jahren wurde die Seglerflotte durch einige Schiffe bereichert. Dies waren zum einen Neubauten, zum anderen Umbauten von nicht mehr genutzten Handelsschiffen. Die Zeit direkt nach dem Krieg begünstigte nicht gerade den Neubau von Großseglern, doch die Präsenz der wenigen alten Schiffe und die Organisation einer Großseglerregatta im Jahre 1956 wurden im zivilen Seefahrtsmilieu wie bei der Marine durchaus mit wachsendem Interesse begleitet. Regierungen und Vereine riefen Projekte zur Ausbildung auf See mit neuen und restaurierten Schiffen ins Leben. Mit der Übernahme der zunächst in spanischem Auftrag gebauten Viermast-Barkentine Esmeralda gelangte Chile 1954 als erstes südamerikanisches Land in den Besitz eines Segelschulschiffes.

Die Sail Training Organisation (STA) ist seit 1956 mit der Veranstaltung von Großseglerregatten und dem Ausbau der Segelschulung auf hochseetüchtigen Schiffen befasst. In den 60er-Jahren verstärkte sich ihr Bedürfnis nach eigenen Schiffen, dem mit den Stapelläufen der beiden Dreimast-Toppsegelschoner Sir winston Churchill (1966) und Malcolm Miller (1967) nachgekommen wurde. Hier gehen vornehmlich junge Segelinteressierte im Alter von 16 bis 24 Jahren an Bord. Eine niederländische Vereinigung mit STA-ähnlicher Interessenlage (Stichting Het Zeilende Zeeship) orderte für 1974 den Schoner Eendracht I, dessen erfolgreicher Betrieb 1989 zum Verkauf an Clipper – Deutsches Jugendwerk zur See e. V. und dem Erwerb des größeren Dreimast-Schoners Eendracht II führte. Der oben genannte deutsche Verein war 1973 von einer Gruppe pensionierter Kapitäne auf Großer Fahrt gegründet worden, bereederte bereits die Schiffe Seute Deern II, Amphitrite und Albatros. Clipper hatte und hat zum Ziel, junge Leute mit dem Meer und der Seefahrt bekannt zu machen.

1965 kaufte das griechische Ministerium für Handelsschifffahrt die Flying Clipper, taufte sie in Eugenios Eugenides um und begann mit der seemännischen Ausbildung von 18- bis 20-Jährigen. Das Schiff war zuvor als Luxusyacht Sunbeam II, aber auch schon als Segelschulschiff genutzt worden: von 1946 bis 1952 im Rahmen der Arbeit der schwedischen Abraham Rydberg-Stiftung und in den 60er-Jahren als Ausbildungsschiff der schwedischen Reederei Einar Hansens Clipper-Line.

Umgebaute Schiffe

Die alten Küstensegler

In Europa wie in Amerika waren zahlreiche in Holz oder Eisen gebaute Küstensegler in recht passablem Zustand erhalten geblieben. Ihre im Vergleich zu den »großen« Großseglern recht bescheidenen Dimensionen erlaubten auch Einzelpersonen und Vereinen den Zugriff. Diese Fahrzeuge machen heute den Löwenanteil der Großseglerflotte aus. Da wären etwa aus Eisen oder Stahl gebauten Schiffe wie Astrid, Thor Heyerdahl, Rara Avis oder Frya, die Brigantine Eye of the Wind sowie gut zehn holländische Segler wie die Oosterschelde oder Jantje nennen. Die Schoner Stephen Taber, Mercantile oder Grace Bailey aus Maine sind dagegen Holzschiffe, ebenso wie die kleineren Fahrzeuge Victory Chimes, Bel Espoir II, Phoenix und Kaskelot. Letztere fuhr als ketschgetakeltes Motorschiff und wurde zu Filmzwecken zur Dreimast-Bark umgeriggt.

Eine exemplarische Geschichte über »Lebensläufe« von Großseglern erzählt die Vergangenheit der Alma Doepel: Der australische Dreimast-Toppsegelschoner aus Holz war 1903 vom Stapel gelaufen und verkehrte bis 1975 unter verschiedenen Bereederungen als Frachter zwischen Neuseeland und seiner Heimat. Im Laufe der Jahre mehrfach an neue Anforderungen baulich angepasst, musste das Schiff Anfang der 60er-Jahre sein Rigg einbüßen. Die Sail & Adventure Ltd., Victoria, Australien kaufte das Schiff nach seiner Auflegung und stellte es als Dreimast-Toppsegelschoner wieder her. Heute wird das nahezu originalgetreu restaurierte Schulschiff von Jugendlichen gesegelt. Im Rahmen eines pädagogischen Programms stach es seit 1984 regelmäßig mit 15- bis 20-Jährigen in See.

Weil aber der Unterhalt eines so alten Schiffes leider eine recht kostspielige Angelegenheit ist, musste der Segler 1999 aufgelegt werden und wartet bis heute auf eine großzügige Spende für eine grundlegende Instandsetzung.

Ehemalige Fischer

Auch einige der ehemaligen Schiffe der Hochseefischerflotte Frankreichs und Portugals haben in den Jahren zwischen 1950 und 1980 eine zweite Blütezeit kennen gelernt. Die COMMANDANT LOUIS RICHARD wurde 1948 im Neufundlandgeschäft ausgemustert und fristete einige Jahre ihr Dasein als Handelsschiff. 1951 von der italienischen Marine aufgekauft, startete sie als PALINURO eine neue Karriere als Segelschulschiff auf Sardinien. Heute ist sie eine regelmäßige Teilnehmerin bei Regatten und den wichtigsten europäischen Großseglertreffen.

Die portugiesische Barkentine GAZELA PRIMEIRO war 1883 vom Stapel gelaufen und absolvierte 1969 auf den Neufundlandbänken ihre letzte Fangsaison. Sie wurde vom Philadelphia Marine Museum aufgekauft und zunächst zum schwimmenden Museumsschiff GAZELA OF PHILADELPHIA umgerüstet. Seit einer späteren vollständigen Restaurierung sticht sie nun als Schulschiff erneut regelmäßig in See.

Der Viermast-Gaffelschoner ARGUS wurde 1974 von der Reederei Windjammer Barefoot Cruises erworben und unternimmt heute nach einem Umbau zum Viermast-Stagsegelschoner als Charterschiff POLYNESIA II Kreuzfahrten durch die Karibik.

Ein weiterer Viermast-Gaffelschoner, die CREOULA, die für Portugal einst auf den Neufundlandbänken fischte, ist seit 1987 wieder flott und segelt als Schulschiff. In ihrer Heimat gilt sie als Symbol des nationalen maritimen Erbes, das tief in den Seelen ihrer Landsleute verankert ist.

Schließlich bleibt der schwedische Dreimast-Toppsegelschoner BLÅ MARITE AF PRIPPS, früher MARITE, zu nennen, der heute in den Gewässern Nordeuropas segelt, einst aber von Fécamp (Frankreich) aus nach Neufundland zum Fischen fuhr. Derzeit bemühen sich französische Vereine und Privatleute um den Rückkauf des guten Stücks.

Neue Schiffe und das Jahr ihres Stapellaufs

POGORIA (1980), DAR MLODZIEZY (1981), JI FUNG (1980), ISKRA II (1982), KALIAKRA (1984), LORD NELSON (1985), ONE AND ALL (1985), LEEUWIN II (1986), SPIRIT OF NEW ZEALAND (1986), MIR (1987), CORWITH CRAMER (1987), YOUNG ENDEAVOUR (1987), KANKO MARU (1988), DRUZHBA (1987), EENDRACHT II (1989), KANRIN MARU (1989), KHERSONES (1988), PALLADA (1988), TUNAS SAMUDERA (1989), YUNYI BALTIETS (1989), BLUE CLIPPER (1990), KAISEI (1989), NADESHDA (1990), KRI ARUNG SAMUDERA (1991), FRYDERYK CHOPIN (1990), CONCORDIA (1992), NAUSIKAA (1992), AKOGARE (1992), HELENA (1992), SWAN FAN MAKKUM (1993), APHRODITE (1993), TARANGINI (1995), MARY-ANNE (1995), STAD AMSTERDAM (1998), CISNE BRANCO (2000), STAVROS S. NIARCHOS (2000).

1970–1990: DER BAU NEUER GROSSSEGLER

Bis in die 70er-Jahre kamen Restaurationen und Umbauten von alten Segelschiffen deutlich häufiger vor als Neubauten. Zu den wenigen neugebauten Schiffen der damaligen Zeit gehörten BLACK PEARL (1951), WESTWARD (1960) oder ROYALIST (1971) sowie die Marineschulschiffe GUAYAS und SIMON BOLIVAR.

In den 80er-Jahren wendete sich das Blatt, und neu erschaffene Großsegler begannen die Anzahl der Restaurierungen zu übersteigen, denn alte Rümpfe standen nur noch in begrenztem Maße zur Verfügung, und zudem wurden die Sicherheitsbestimmungen für Schulschiffe verschärft. Die Kosten der Renovierungsarbeiten wuchsen so sehr, dass sich das Neubauen bald als preiswerter erwies. Trotzdem wurden auch in letzter Zeit noch Schiffe restauriert, darunter die ehemaligen Feuerschiffe ALEXANDER VON HUMBOLDT, EUROPA, ATLANTIS und AMORINA aus dem frühen 20. Jahrhundert, die heute als

Der von Camper & Nicholsons gezeichnete Viermast-Toppsegelschoner JUAN SEBASTIAN DE ELCANO lief 1927 in Cadiz vom Stapel und ist heute Schulschiff der spanischen Marine (rechte Seite).

Die Viermastbark KRUZENSHTERN, das zweitgrößte Segelschiff Russlands, am Start zur Wettfahrt Vigo – Dublin im August 1998 (folgende Doppelseite).

OOSTERSCHELDE

Dreimaster segeln. Ihre Rümpfe waren bei Außerdienststellung bemerkenswert gut erhalten, sodass ihr Umbau zum Großsegler für Reeder, Vereine und Privatleute als ein planbares Unterfangen angesehen wurde. Gleiches galt für die angesichts der Fischereikrise aufgelegten Trawler ANTIGUA, JEAN DE LA LUNE, PICTON CASTLE und THALASSA sowie für die ehemaligen Frachtschiffe JAMES CRAIG und GUNILLA.

Viele der neu erschaffenen Schiffe wurden nach aktuellen Konstruktionsplänen erstellt, doch schon immer hat es bestimmte Eigner gereizt, Schiffe nach alten Rissen konstruieren zu lassen und originalgetreue Repliken zu erstellen. Auch die Holzbauweise reizte noch so manchen Reeder oder Eigner, die dann die mittelgroßen Schiffe ASGARD II, HERITAGE, LADY ELLEN, ENTERPRIZE oder TENACIOUS bauen ließen. Die meisten neuen Großsegler waren allerdings Stahl- oder Aluminiumschiffe. Grundsätzlich trug die Flut der Neubauten beachtlich zur Erhöhung der Tonnage der Großseglerflotte bei.

Die Rekonstruktion von Schiffen

Bei bestimmten Projekten wurde aus den unterschiedlichsten Gründen der Bau von Repliken favorisiert. Dabei konnten in erster Linie die Kenner der Seefahrtsgeschichte und die Historiker ihr Wissen unter Beweis stellen. Zum anderen boten die Nachbauten eine gute Gelegenheit, die Öffentlichkeit mit Schiffen aus der Vergangenheit vertraut zu machen und gleichzeitig historisch bedeutende Konstruktionen wieder aufleben zu lassen. In diesem Sinne sind die Rekonstruktionen der GOLDEN HINDE, ROSE, LADY NELSON, NIAGARA, BOA ESPERANÇA, DUYFKEN, KALMAR NYCKEL und DUNBRODY zu verstehen. Bestimmte lokale Initiativen nutzten einen Nachbau zur Verbesserung ihres Images und um über ihre eigene Geschichte zu informieren. So etwa kam es zum Engagement von Brauereien, welche eine Replik des Schoners BLUENOSE II als Werbeträger für Lunenburg und Neuschottland finanzierten. Der Bundesstaat Maryland und die Stadt Baltimore kamen für den Bau der PRIDE OF BALTIMORE I sowie nach deren Untergang für die PRIDE OF BALTIMORE II auf. Die Stadt Brest ließ LA RECOUVRANCE nachbauen, Saint-Malo LE RENARD ...

Schließlich entstanden noch einige Nachbauten speziell für Filmaufnahmen, beispielsweise die BOUNTY II UND III oder die Rekonstruktion der GRAND TURK, einer Fregatte des 18. Jahrhunderts, sowie die HORNBLOWER für eine englische Fernsehserie.

Der niederländische Dreimast-Toppsegelschoner OOSTERSCHELDE zählt zu den Aktiven unter den privat finanzierten Schulschiffen. Seit Abschluss seiner Restaurierung Ende 1992 hat er bereits einmal die Welt umrundet und natürlich auch im Juli 1999 an der Regatta Saint-Malo – Greenock teilgenommen.

Kreuzfahrtschiffe

Der Kreuzfahrtboom hat ebenfalls Einfluss auf die Welt der Großsegler ausgeübt. So wurde die 1931 vom Stapel gelaufene Viermastbark SEA CLOUD I, einst von einem amerikanischen Geschäftsmann als prunkvolle Yacht für seine Gattin ersonnen, vollständig restauriert und als segelnder Luxuskreuzer vermarktet.

In den USA kaufte Kapitän Mike Burke zwischen 1960 und 1990 eine stattliche alte Yacht, einen Fischereisegler und das französische Forschungsschiff FRANCE II, um diese zu luxuriösen Kreuzfahrtschiffen umzubauen; letzteres ist der heutige Viermast-Treisegelschoner LEGACY.

Später wurden für diesen Markt auch Neubauten in Auftrag gegeben. Zwischen 1986 und 1988 hat die Werft Ateliers et Chantiers du Havre mit WIND STAR, WIND SONG und WIND SPIRIT drei ultramoderne Segler an die Carnival Cruise Line ausgeliefert. Ihnen folgten 1989 und 1992 die CLUB MED I und die CLUB MED II. STAR FLYER (1991), STAR CLIPPER (1992) und die ROYAL CLIPPER (2000) wurden für den schwedischen Reeder Mikael Krafft gebaut.

Die unterschiedlichen Aufgaben der Grosssegler

Die Großsegler nehmen heutzutage keine Ladung, sondern ausschließlich Passagiere an Bord, doch läge es ihren Organisatoren fern, mit regulären Fährdiensten zu konkurrieren. Das Segeln kommt hier vielmehr einer umsichtigen Einführung in das Leben auf großer Fahrt gleich, obwohl sicherlich einige der Passagiere sehr wohl das Abenteuer und die Grenzerfahrungen suchen, die die alten Seebären und vor allem die Kap Horniers früher erlebten. Zwar ist der Komfort an Bord der Großsegler heute durchaus mit dem eines Hotels zu vergleichen, doch ihre Atmosphäre wird man nirgends an Land antreffen.

Segelschulschiffe

Die traditionelle Seefahrtsromantik erscheint den meisten modernen Seeleuten als eher unpassend und altmodisch. Und wirklich ist die Atmosphäre auf jedem Schiff eine andere und auch von den speziellen Aktivitäten an Bord abhängig. Vielleicht werden dort spätere Berufsseeleute ausgebildet, Passagiere transportiert oder aber Trainees in der Seemannschaft und der Handhabung der Segel unterwiesen. Der Bordalltag verläuft unterschiedlich und ist durch die mehr oder weniger intensive Teilnahme an Manövern bestimmt. Hauptziel der Ausbildung auf einem Segelschulschiff ist es, die Sinne der jungen Leute zu schärfen und sie auf einen Beruf in der Seefahrt vorzubereiten. Die staatlichen Schulschiffe sollen zudem als Botschafter ihrer Länder dienen und deren Seefahrtstradition erhalten und fortführen. Dabei werden jahrhundertealte Berufe wie die des Matrosen gepflegt, Manöver geübt und die Instandhaltung des gesamten Schiffes einschließlich des Riggs und der Segel vermittelt.

Segelschulschiffe der Marine

Zahlreiche moderne Großsegler gehören zu den Flotten von Marinen. An Bord werden Kadetten der Seefahrtsschulen und Marineoffiziere ausgebildet. Doch die Hauptaufgabe dieser Schiffe ist die Repräsentation ihres Landes. Aus diesem Grund sind die Großsegler der Marine sehr viel unterwegs. Einige der in Südamerika beheimateten Segelschulschiffe legen alljährlich 15 bis 20 000 Seemeilen zurück – das entspricht in etwa einer Weltumseglung. Die GLORIA hat beispielsweise seit 1968 mehr als 60 Länder auf allen fünf Kontinenten angelaufen und eine Weltumseglung vollendet. Die mexikanische Bark CUAUHTEMOC hat in knapp 20 Jahren ebenfalls alle fünf Kontinente besucht, an allen bedeutenden Großseglertreffen und -regatten in

TS

Die deutsche Bark ALEXANDER VON HUMBOLDT war einst ein Feuerschiff und dient heute als Jugend-Schulschiff. Die grünen Segel verweisen auf die Brauerei Beck, die als generöse Mäzenin den Umbau finanziert hat (vorhergehende Seite).

der ganzen Welt teilgenommen und hat schließlich einmal die Welt umsegelt, sodass sie insgesamt auf knapp 350 000 Seemeilen kommt. Auch die SAGRES II ist als sehr aktiver Großsegler bekannt, der, seit 1962 unter portugiesischer Flagge fahrend, drei Mal die Welt umrundete und unzählige Länder unserer Erde ansteuerte.

Die Ausbildung an Bord ziviler Schiffe

Einige der nicht in einer Kriegsmarine unterstellten Schulschiffe dienen der praktischen Ausbildung für Absolventen der Seefahrtsschulen, andere Schiffe bieten ihren Gästen ganz unterschiedliche Projekte an. Schulschiffe wie CONCORDIA, GUNILLA, GEORG STAGE II, DANMARK oder CHRISTIAN RADICH nehmen Schüler für die Dauer eines Schuljahres an Bord und führen dort den am Gymnasium unterbrochenen Unterricht fort. Darüber hinaus bietet der Aufenthalt den Schülern eine Einführung in die Welt der Seefahrt. Während der Schulferien kommen teilweise Praktikanten für kürzere Zeit an Bord. Auf einigen Schiffen wie etwa auf den amerikanischen Schonern WESTWARD und CORWITH CRAMER kommen Studenten der Ozeanografie und Meeresbiologie sowie Wissenschaftler für einige Wochen an Bord zusammen.

Auswahl von Großseglern, die für kürzere Zeit Trainees, sprich allgemein Interessierte, an Bord nehmen

Die Maine-Schoner, OOSTERSCHELDE, KAISEI, STATSRAAD LEHMKUHL, SØRLANDET, AMPHITRITE, ALBATROS, JOHANN SMIDT, SEUTE DEERN II, BELEM, ROSE, EENDRACHT II, PRIDE OF BALTIMORE II, THOR HEYERDAHL, JANTJE, EYE OF THE WIND, POGORIA, ALEXANDER VON HUMBOLDT, FRYDERYK CHOPIN, YOUNG ENDEAVOUR, ASGARD II, LORD NELSON, LA RECOUVRANCE, SIR WINSTON CHURCHILL, SØREN LARSEN, STAVROS S. NIARCHOS, LEEUWIN II, JI FUNG.

Einige dieser Schiffe bieten sich zur Aufstockung ihres Budgets auch für Filmaufnahmen an.

Großsegler werden heutzutage gut in Schuss gehalten, wie das Beispiel der LA BELLE POULE beweist. Im Winter 1999/2000 wurde im Arsenal von Brest die gesamte, aus 400 einzelnen Platten bestehende Aufdoppelung des Unterwasserschiffs erneuert (linke Seite).

Eine andere Konzeption wird auf den russischen und ukrainischen Schiffen SEDOV, KRUZENSHTERN, MIR, PALLADA, NADESHDA oder KHERSONES sowie auf den Großseglern NIPPON MARU II und KAIWO MARU I sowie KAIWO MARU II aus Japan verfolgt: Dort unterrichtet man Jugendliche im Rahmen einer dreijährigen Ausbildung jeweils für ein paar Monate im ersten wie dritten Lehrjahr. Desweiteren sind einige Schiffe, besonders die aus Russland und der Ukraine, auch für ausländische Passagiere zugänglich. Andere Segler wie zum Beispiel STATSRAAD LEHMKUHL oder SØRLANDET stehen weitgehend der Öffentlichkeit zur Verfügung und werden teilweise von Segelschulen frequentiert, die keine eigenen Ausbildungsschiffe besitzen.

Die Einführung in das Segeln

Die meisten Großsegler verdanken ihre heutige Existenz einigen leidenschaftlichen Privatleuten, die sich teilweise in Vereinen zusammengeschlossen haben oder aber den großen Stiftungen. Die Restaurierung und die spätere Instandhaltung sowie die Unterhaltskosten solcher Schiffe sind beträchtlich. Zur Finanzierung werden zahlende Gäste an Bord empfangen, die man teilweise wegen der pflichtgemäßen Teilnahme an den Manövern »Trainees« nennt. Obligatorisch ist dabei natürlich die Beaufsichtigung durch eine professionelle Mannschaft!

Der Aufenthalt an Bord dauert von wenigen Tagen bis zu mehreren Monaten, wobei auch die Möglichkeit der Verknüpfung mehrerer Reisen besteht. Die Novizen erhalten eine knappe Grundausbildung und nehmen dann, wie die Berufsseeleute in Wachen eingeteilt, an allen anfallenden Arbeiten wie den Manövern, der Instandhaltung, dem Kochen und Abwaschen, Deckschrubben, Polieren und Malen usw. teil. Der Umfang der Beteiligung variiert von Schiff zu Schiff und ist auch von der Motivation der einzelnen Trainees abhängig. Die meisten Angebote wenden sich vornehmlich an junge Leute von 16 bis 24 Jahren.

Anfang der 90er-Jahre gründete der deutsche Wulf Marquard in Hamburg den Verein Tall-Ship Friends. Er überzeugte die ehemaligen Sowjetrepubliken, auf ihren Segelschiffen westliche Trainees zuzulassen. Diese Kommerzialisierung der Schiffe trug zu ihrem Unterhalt und Bestehen bei. Zunächst kümmerte sich der Hamburger Verein um die ehemaligen deutschen Schiffe SEDOV, KRUZENSHTERN und TOWARISCHTSCH, die nach dem Krieg in sowjetischen Besitz gelangt waren, später auch um die von den Russen in Polen neu georderten Großsegler MIR und KHERSONES. Der ehemalige Berufsseemann aus Deutschland begann mit der Vermarktung in Westeuropa, warb Passagiere an und handelte u. a. günstige Hafengebühren aus.

Die Gewinne blieben zunächst auf einem speziellen Konto eingefroren und wurden nur für konkrete Ausgaben zum Unterhalt der Schiffe und Mannschaften freigegeben: Nach dem Zerfall der Sowjetunion waren nämlich einige Eigner geneigt, sich die Gelder direkt in die eigene Tasche zu stecken und die Schiffe zu vernachlässigen. Bald musste nach zusätzlichen Geldquellen gesucht werden.

Einige Vereinigungen experimentierten mit Maßnahmen zur Resozialisierung von Straffälligen und Drogenabhängigen, wie etwa Père Jaouen in Frankreich, der zu diesem Zweck seit 30 Jahren die beiden Dreimast-Schoner BEL ESPOIR II und RARA AVIS unterhält. In Dänemark haben sich die Betreiber der DEN STORE BJØRN derartigen Aktivitäten verschrieben, und auch in anderen Ländern laufen zahlreiche ähnliche Projekte.

Vergnügungs- und Kreuzfahrten

Eine ganze Flotte von Großseglern ist im Chartergeschäft tätig. Die komfortabel ausgestatteten Schiffe nehmen Passagiere an Bord, die sich erholen und amüsieren wollen, und unterscheiden sich dabei grundlegend von den luxuriösen Passagierschiffen wie etwa von der CLUB MED I und II. Die eher kleinen Traditionssegler halten sich im Sommer vornehmlich in Europa auf, um während des Winters auf die Antillen auszuweichen. Andere Charterschiffe sind auch im Pazifik stationiert. Ihre Reiseziele erscheinen im Vergleich zu denen der Luxuspassagierschiffe interessanter: Sie segeln in der Ostsee, nach Spitzbergen, nach Südamerika oder durch das Rote Meer. Mittlerweile existieren ganze Heerscharen dieser Segler – unterschiedlichste Schiffstypen mit verschiedenartigen Konzeptionen.

DIE SEGELSCHIFFE DES NEUEN JAHRTAUSENDS

Der Welt der Großsegler scheint sich auch am Anfang des neuen Jahrtausends voller Dynamik zu entwickeln. Es kommen immer mehr Treffen und Regatten, immer neue Stapelläufe und eine Fülle von Projekten zustande.

Die Sail Training Association hatte sich entschlossen, ihre beiden Dreimast-Toppsegelschoner SIR WINSTON CHURCHILL und MALCOLM MILLER durch zwei neue Briggs der gleichen Größe zu ersetzen: Die erste, die STAVROS S. NIARCHOS, ist seit Frühjahr 2000 im Einsatz. Brasilien hat sich zur Fünfhundertjahrfeier seiner Entdeckung ein Vollschiff geschenkt, das als CISNE BRANCO Anfang 2000 vom Stapel lief. 1997 wurde im Auftrag des Mystic Seaport Museums in Connecticut die AMISTAD fertig gestellt, die ihren Ruhm nicht nur dem Film von Steven Spielberg verdankt. Die englische Stiftung Jubilee Sailing Trust, die bereits die Bark LORD NELSON besaß, auf der Körperbehinderte mit der See bekannt gemacht werden, orderte zum Sommer 2000 einen weiteren Dreimaster für denselben Zweck. In Australien schloss man die erfolgreiche Restaurierung des Handelschiffes JAMES CRAIG ab, das seit Mitte 2000 wieder unter Segeln fährt. Schiffe wie die kanadische HECTOR, die FRIENDSHIP aus den Vereinigten Staaten, die JEANIE JOHNSTON und die DUNBRODY sind erst vor kurzem vom Stapel gelaufen.

Die Ausweitung des Kreuzfahrtgeschäftes auf die Großsegler hat sich im Jahr 2000 mit dem Stapellauf von zwei Neubauten bestätigt. Es handelt sich um die SEA CLOUD II der Reederei Sea Cloud Cruises und die ROYAL CLIPPER von Star Clipper, die, als Nachbau der berühmten PREUSSEN, weltweit das zweite Fünfmast-Vollschiff ist.

Fast noch nie wurden so viele neue Großsegler gebaut wie im Jahr 2000. Im Februar war auch der Rumpf der zweiten Bark des Jubilee Sailing Trust zum Stapellauf bereit. Die TENACIOUS wurde für die Nutzung durch körperbehinderte Segler konzipiert und gebaut (rechte Seite oben).

Es werden auch wieder vermehrt alte Rümpfe restauriert. Die umfassende Wiederherstellung der NOTRE-DAME DE RUMENGOL erfolgte im Winter 1995/1996 auf der Werft Le Guip in Brest (rechte Seite unten).

Die Geschichte der Segelschulschiffe

Die Offiziersausbildung der Handels- und der Kriegsmarine findet seit jeher an Bord statt. Einschließlich des theoretischen Unterrichts wurde sie in Europa im 17. Jahrhundert eingeführt und betraf zunächst nur das Führungspersonal. Im Frankreich des frühen 19. Jahrhunderts beschränkte sich die Zahl der Offiziere auf zwei: den Kapitän und den »Zweiten«. Zusätzlich nahm man einen Offiziersanwärter im Alter von etwa 16 Jahren an Bord, der für seine dortige Ausbildung zahlen musste. Diese Praxis war auf den Schiffen der East India Company (EIC) des Vereinigten Königreiches bereits im 17. und 18. Jahrhundert Usus. Der Offiziersanwärter lernte den Matrosenberuf von der Pike auf und war zunächst dem Schiffsjungen gleichgestellt. Zur Freude des Kapitäns beschäftigte er sich auch mit den Grundlagen der Navigation und strebte die Position eines Offiziers oder gar Kapitäns an. Später kam es dann zur Gründung erster Navigationsschulen. Dort schrieben sich zahlreiche junge Männer aus guten Familien ein, die sich von der viel beschworenen Seefahrtsromantik angezogen fühlten oder eine Liebe zur See spürten. Viele schreckten dann allerdings vor der Ausübung des Berufes zurück. Als Offiziersanwärter auf Handelsschiffen mussten sie die Arbeiten eines einfachen Matrosen übernehmen, um die praktischen Grundlagen ihres Berufes kennen zu lernen. Dieser Prüfung waren sie häufig nicht gewachsen.

Das russische Segelschulschiff MIR zählt zu den größten Vollschiffen der Welt. Hier ist sie am Start zur Regatta Vigo–Dublin im Jahre 1998 zu sehen. Die äußerst moderne Konzeption stammt von dem polnischen Konstrukteur Zygmunt Choren und repräsentiert die zeitgemäße Variante eines Großseglers (linke Seite).

Während des Krieges war der Rumpf des Zweimast-Toppsegelschoners der L'ETOILE von der französischen Marineschule grau angemalt. Damals standen die L'ETOILE wie ihr Schwesterschiff LA BELLE POULE in Großbritannien im Dienst der Ausbildung von englischen und französischen Kadetten (rechts).

NANANG SETIAWAN

VESPUCCI

Der Anfang

In ganz Europa wurde es immer schwieriger, neue Mannschaften für Großsegler aufzutreiben. Wer als junger Mensch Seemann werden wollte, heuerte auf einem Dampfer an, wo die Arbeit und das Leben weniger hart und die erforderlichen Kenntnisse begrenzter waren. Es fehlte sogar an Matrosen, und gab es welche, so ließ ihre Ausbildung zu wünschen übrig. So wurde die Idee geboren, zukünftige Seeleute auf Schulschiffen auszubilden. Auch auf den Dampfschiffen waren die ehemaligen Offiziere und Matrosen äußerst beliebt, und den Reedern schien die harte Schule der Segelschifffahrt für die Ausbildung eines guten Seemannes unerlässlich.

Zuerst waren es die Kadetten der frühen Navigationsschulen, die zur praktischen Unterweisung auf die mit Schulungsräumen und Lehrern aufgerüsteten ehemaligen Handelsschiffe kamen. Die Teilnahme an den Wachen wie an den Manövern an der Seite der »Alten« zählte zum festen Bestandteil der Ausbildung.

Die 1831 gegründete Gesellschaft der Seeleute in Göteborg, Schweden, erwarb 1838 die kleine Brigg Magnus Stenbock, auf der sie, noch am Kai im Hafen, den jungen Seefahrtsaspiranten eine Grundausbildung für die Manöver und die Arbeit im Mast anbot. Im folgenden Jahr kaufte sie eine zweite Brigg namens Oscar. Diese diente der Ausbildung auf See, bei der die jungen Seeleute innerhalb von zwei Jahren das Offizierspatent erwerben sollten. Nach etlichen Zwischenfällen auf der ersten Reise musste das Experiment jedoch beendet werden, und die Ausbildung war fortan wieder auf den Liegeplatz beschränkt. Die von der Vereinigung getragene Schule schloss im Jahre 1850. In jenem Jahr stellte ihr der schwedische Staat den Großsegler Glommen zur Verfügung.

Auch der zweite Versuch einer schulischen Seemannsausbildung fand in Schweden statt. Das war dem begüterten Reeder Abraham Rydberg zu verdanken, nach dessen Ansicht die rein praktische Ausbildung der Offiziersanwärter nicht ausreichen konnte, sondern nach einem theoretischen Pendant verlangte. Mit seinem Tod 1845 kam ein Teil seines Vermögens der Gründung einer Stiftung wie einer Schule zur theoretischen wie praktischen Seefahrtsausbildung zugute. Das Direktorium der Abraham Rydberg-Stiftung erwarb 1848 die Brigg Carl Johann. Ihr Erfolg erlaubte der Initiative bereits 1849, das 30 Jahre alte Schiff durch das 30 Meter lange, speziell für die Stiftung gebaute Vollschiff Abraham Rydberg zu ersetzen. 1911 folgte diesem ein weiteres Vollschiff gleichen Namens von 40 Meter Länge.

Anfang der 30er-Jahre des 20. Jahrhunderts änderte die Stiftung ihre Politik und schaffte einen alten amerikanischen Viermaster an, der ebenfalls unter dem Namen Abraham Rydberg segelte. Dieses Schiff deckte einen Teil seiner Unterhaltskosten mit den Gewinnen aus seiner Fracht. Der Zweite Weltkrieg führte im Jahre 1942 zum Verkauf. Nach dem Krieg sollte der englische Dreimast-Schoner Sunbeam II Ersatz bieten, doch diese ehemalige Luxusyacht eignete sich nicht besonders als Schulschiff und stieß auf wenig Akzeptanz.

Die europäische Schule

Dem Beispiel Schwedens folgten ab 1860 auch andere europäische Staaten, vornehmlich die angelsächsischen und skandinavischen Länder. 1858 lief im Auftrag der schwedischen Regierung die Statsraad Erichsen vom Stapel, 1861 die niederländische Venus, zehn Jahre später die Ajax und 1867 die von der amerikanischen Regierung bestellte Saratoga. Die Engländer gründeten ihr Ausbildungswesen 1871 mit dem Schulschiff Euterpe. In Dänemark orderte eine Stiftung 1882 die Georg Stage I, und die japanische Regierung ließ 1897 die einst in Schottland für den Kaiser gebaute Yacht Meiji Maru zum Schulschiff umrüsten.

In den letzten 150 Jahren wurden mehr als 300 Großsegler als Schulschiffe genutzt. Auch der Zweite Weltkrieg führte nicht zum Abbruch der Ausbildungsbestrebungen, sondern im Gegenteil zur Indienststellung von 24 Schulschiffen bis 1945 sowie 100 weiteren bis heute.

Matrosen und Kadetten von heute. Von links nach rechts und von oben nach unten: ein Offiziersanwärter des indonesischen Seglers KRI Arung Samudera; ein junger russischer Kadett und ein zukünftiger pakistanischer Offizier der Kruzenshtern; ein Matrose der Amerigo Vespucci.

Belgische Segelschulschiffe

Im Dezember 1903 gründete sich mit Unterstützung des Grafen Paul de Smet de Naeyer, Kabinettschef des Königs sowie Bau- und Finanzminister, die belgische Seefahrtsvereinigung Association Maritime Belge, S.A. (ASMAR), deren Schule bald den Status einer berufsbildenden Hochschule erhielt und die der Regierung gestellte Aufgabe übernahm, die Defizite der belgischen Seeleute zu beheben. Deren Vollschiff COMTE DE SMET DE NAEYER lief 1904 in England vom Stapel. Während der ersten Fahrt waren 28 Auszubildende an Bord jenes Schul- und Handelsschiffes.

Die Aktivitäten der ASMAR endeten mit der Indienststellung der MERCATOR durch die belgische Regierung. Diese Brigantine besaß einen Hilfsmotor und diente dem praktischen Teil der Ausbildung an der Seefahrtshochschule von Anvers. Sie blieb bis 1961 im Einsatz und ist noch heute als belgisches Nationaldenkmal in Ostende zu besichtigen.

Im heutigen Belgien besitzt einzig noch die königliche Marine ein Segelschulschiff, nämlich die Ketsch ZENOBE GRAMME.

Segelschulschiffe in Deutschland

Ende des 19. Jahrhunderts verfügte Deutschland neben Frankreich und den Vereinigten Staaten über eine der letzten großen Hochseesegler-Flotten. Für diese Schiffe wurden immer neue Mannschaften benötigt.

Die stete Nachfrage führte im Mai 1900 zur Gründung des Deutschen Schulschiff-Vereins. Dessen erklärtes Ziel war der Bau großer Segelschiffe, die den deutschen Reedern für die Ausbildung ihrer Offiziere und Matrosen zur Verfügung stehen sollten. Die Windjammer dienten mit ihrer umfangreichen Sicherheitsausrüstung ausschließlich der Ausbildung und keinesfalls der kommerziellen Nutzung. Diese Segler zählten zu den schönsten Schulschiffen der Welt.

Uniformen sind attraktiv ... (unten).

Vor dem Offizierslogis des italienischen Voll- und Schulschiffes AMERIGO VESPUCCI hält ein junger Matrose Wache (rechte Seite).

NAVE VESPUCCI

Das erste war das 1901 fertig gestellte Vollschiff GROSSHERZOGIN ELISABETH (heute DUCHESSE ANNE). Noch bevor sich diese Investition hatte rentieren können, wurde ein zweites Vollschiff, die PRINZESS EITEL FRIEDRICH (heute DAR POMORZA) georder. Die Bark GROSSHERZOG FRIEDRICH AUGUST (heute STATSRAAD LEHMKUHL) folgte 1914.

Während des Ersten Weltkriegs wurden die Schulschiffe zunächst aufgelegt, danach ging die PRINZESS EITEL FRIEDRICH als Reparationsleistung nach Frankreich, die GROSSHERZOG FRIEDRICH AUGUST nach England. Als sich die wirtschaftliche Lage besserte, orderte der Deutsche Schulschiff-Verein einen neuen Segler, der als SCHULSCHIFF DEUTSCHLAND 1927 vom Stapel lief.

Inzwischen waren die Großseglerflotten kleiner geworden, und zur Ausbildung der Seeleute reichte ein Schiff aus. So entschloss sich der Deutsche Schulschiff-Verein 1932 zum Verkauf der GROSSHERZOGIN ELISABETH, die dann im Besitz der Seefahrtsschule Hamburg bis 1939 als ortsfeste Ausbildungsstätte diente. Nach dem Zweiten Weltkrieg wurde das Schiff von Frankreich beschlagnahmt und in DUCHESSE ANNE umbenannt. Die SCHULSCHIFF DEUTSCHLAND verblieb im Hafen von Bremen.

Die Geschichte des Deutschen Schulschiff-Vereins war durchaus beispielhaft. In den 45 Jahren seines Bestehens hat er tausende von Matrosen auf speziell ausgerüsteten Schiffen während 12-monatiger Fahrten ausgebildet und zudem zweijährige Vorbereitungslehrgänge für den Besuch der Seefahrtsschulen abgehalten, um den jungen Leuten die notwendigen Grunderfahrungen zu vermittelten. Noch heute gereicht die Einrichtung allen zivilen wie militärischen Segelschulschiffen zum Vorbild.

Segelschulschiffe in Frankreich

Im Jahre 1884 ließ die französische Marine in Rochefort mit der MELPOMENE eine letzte Fregatte aus Holz bauen, die als Ausbildungsschiff für die Vollmatrosen vorgesehen war. Ein am 30. Januar 1893 in Kraft getretenes Gesetz, welches Prämien für die Handelsschifffahrt auslobte, hatte einst den Schiffbau befördert und der Reederei Hexagone erlaubt, ihre Flotte zu vergrößern. Damit war auf den neuen Großseglern ein vermehrter Bedarf an ausgebildeten Offizieren und Matrosen entstanden, der kaum zu stillen war.

Mit einer weiteren Verordnung vom 18. September 1893 wurde in der Handelsschifffahrt ein Patent eingeführt, und die hydrographischen Unterrichtsstätten nahmen ihre Aktivitäten in einigen großen französischen Häfen wieder auf. Jedes Jahr gingen 40 Seefahrtsschüler mit ihrem frischen Patent in der Tasche an Bord der MELPOMENE und stachen zusammen mit den Vollmatrosen der Königlichen

Trainees der polnischen Brigg FRYDERYK CHOPIN beobachten Kadetten des Vollschiffes DAR MLODZIEZY.

Marine in See. Das Schulschiff leistete beste Dienste, bis es 1903 verschrottet wurde. Das ehemalige Kriegsschiff BORDA, das als Ausbildungshulk für die Offiziersanwärter der Seefahrtsschule fungiert hatte, wurde 1914 aufgelegt. Erst 1932 stellte die Marine mit der L'ETOILE und der LA BELLE POULE zwei neue Zweimast-Toppsegelschoner in Dienst, die in ihren Linien den altgedienten Islandfischern entsprachen. Hier wurden zunächst die Zivilisten der Seefahrtsschule, später die Anwärter der Marine ausgebildet.

Neben dem Lehrauftrag hatten die Schulschiffe natürlich in den großen Häfen und bei den wichtigen in- und ausländischen Großseglertreffen auch Verpflichtungen als Repräsentanten wahrzunehmen. Diese Funktion erfüllen die beiden Traditionssegler MUTIN und GRANDE HERMINE der französischen Marine noch heute.

In Frankreich wurden ferner einige Privatinitiativen zur Offiziersausbildung in der Handelsmarine gestartet. Anfang der 30er-Jahre des 20. Jahrhunderts baute man einen ehemaligen Neufundlandfahrer und Dreimaster zum Schulschiff um, das nach einem französischen Marineminister mit einer nur sechswöchigen Amtszeit CHARLES DANIELOU benannt wurde. In seinen ehemaligen Laderäumen fanden die Batterie-Decks ihren Platz.

Die einjährige Ausbildung an Bord sollte der theoretischen wie praktischen Vorbereitung auf die Seefahrtsschule dienen. Die erste längere Reise mit Auszubildenden führte von Camaret über Saint Nazaire nach Marseille und sollte zugleich die letzte Reise gewesen sein: Da das Unternehmen Verluste einfuhr, musste die CHARLES DANIELOU verkauft werden …

1946 erhielt Frankreich im Rahmen von Reparationsleistungen die GROSSHERZOGIN ELISABETH, die als DUCHESSE ANNE der nationalen Marine unter-

Die Barkentine CONCORDIA ist ein kanadisches Schulschiff, das jeweils für ein paar Monate Gymnasiasten an Bord nimmt und alle Weltmeere bereist.

Wachhabende Offiziere und Matrosen auf dem italienischen Schulschiff AMERIGO VESPUCCI während des Großseglertreffens im April 2000 in Genua.

stellt und ungeachtet ihres guten Zustandes abgeriggt wurde. So fristete sie ihr Leben in Lorient und später in Brest. Die Instandhaltung blieb über lange Zeit nebensächlich. Mehrfach wurden der Marine Vorschläge zum Aufriggen unterbreitet. Schließlich gründete sich in Dünkirchen eine Vereinigung zur Rettung des Schiffes. Die DUCHESSE ANNE bekam bereits ein neues Rigg und soll eines Tages der Öffentlichkeit zugänglich sein.

In der Zeit nach dem Zweiten Weltkrieg bahnten sich andere Projekte an. So ermöglicht Frankreich Resozialisierungsprojekte für ehemalige Drogenabhängige auf den Dreimast-Schonern BEL ESPOIR II und RARA AVIS.

Auch in Douarnenez hatte man einst auf einen Klipper als Schulschiff gesetzt, doch das Projekt wurde aufgegeben. Die BELEM, deren Restaurierung 1985 fertig war, gilt trotz der Trainees an Bord eher als Kreuzfahrt- denn als Schulschiff.

Ein letztes Aufflammen der Schulschiff-Initiativen nach dem Krieg

Auch der Krieg hat zum Verschwinden der letzten Großsegler beigetragen. Unter größten Schwierigkeiten und mit Unterstützung durch öffentliche Gelder konnten einige wenige Schiffe trotz der ihnen zugefügten Schäden wieder in Dienst gestellt werden.

1940 hatte Deutschland drei norwegische Segelschulschiffe eingezogen, doch 1947 gingen alle drei zurück in ihre Heimat, wo sie aufgeriggt wurden: Die SØRLANDET war inzwischen gesunken, konnte aber wieder flott gemacht werden. Die CHRISTIAN RADICH havarierte in Flensburg, doch die Alliierten machten sie bereits 1945 ausfindig, halfen bei der Instandsetzung und erreichten die Übergabe an ihre ehemaligen Besitzer im Jahre 1947. Und schließlich sollte auch die STATSRAAD LEHMKUHL wieder unter norwegischer Flagge segeln.

Die DANMARK, die heute regelmäßig an allen wichtigen Großseglertreffen teilnimmt, lag seit dem deutschen Einfall in Dänemark in den USA an der Kette. Das Vollschiff hatte anlässlich der Weltausstellung 1939 in New York festgemacht, wo der dänische Kommandant sein Schiff später der amerikanischen Coast Guard für die Ausbildung ihrer Kadetten zur Verfügung stellte. Von der Schulschiff-Idee überzeugt, hätten die Amerikaner die DANMARK gerne gekauft. Der dänische Kapitän aber informierte sie von der Existenz des deutschen Schulschiffes HORST WESSEL, das den USA im Rahmen von Reparationszahlungen übereignet wurde. In EAGLE umbenannt, werden darauf noch heute die Kadetten der U.S. Coast Guard ausgebildet. Die DANMARK kehrte Ende 1945 nach Hause zurück. Dänemark machte nach dem Krieg auch das kleine Vollschiff GEORG STAGE II wieder klar, das bis zum heutigen Tag mit der Ausbildung von Anwärtern der Handelsmarine betraut ist.

Die HORST WESSEL war das zweite Schiff einer Serie von vier Schwesterschiffen, die zwischen 1933 und 1938 auf der deutschen Werft Blohm & Voss in Hamburg gebaut worden waren. Während die ersten drei an die deutsche Kriegsmarine ausgeliefert wurden, ging das vierte, die MIRCEA, an Rumänien, wo das Schiff noch heute beheimatet ist.

Das erste Schiff der Serie war die GORCH FOCK I, die später von den Sowjets beschlagnahmt und zum Schulschiff TOWARISCHTSCH umgebaut wurde. Die ALBERT LEO SCHLAGETER segelte einige Zeit als GUANABARA unter brasilianischer Flagge und ging dann in den Besitz von Portugal über, welches sie SAGRES II taufte. Die deutsche Marine musste sich nach dem Krieg nach einem neuen Schulschiff umsehen und ließ nach alten Plänen einen neuen Segler bauen. So wurde die GORCH FOCK II 1958 vom Stapel gelassen. Der tragische Untergang der PAMIR nur wenige Monate zuvor war ja ohnehin nicht mehr zu verhindern gewesen ...

In der Sowjetunion hat es bereits vor dem Krieg Segelschulschiffe gegeben. Der Sieg von 1945 ermöglichte es dem Staat, mit einigen der gut berufenen deutschen Segelschiffe den Ausbildungshorizont der zukünftigen sowjetischen Seeleute zu erweitern. Neben der TOWARISCHTSCH integrierten sie die ehemalige KOMMODORE JOHNSEN und ex-MAGDALENE VINNEN als SEDOV sowie die KRUZENSHTERN (ex PADUA) in ihr Schulsystem. Auch die CRISTOFORO COLOMBO wurde ihnen zugesprochen, in DUNAY umbenannt, aber bereits 1963 aufgelegt und 1972 in Odessa abgewrackt. Zu guter Letzt ist von einer rund 60 Holzschiffe umfassenden Flotte zu berichten, die von Finnland in Auftrag gegeben, dann aber als Reparationsleistung an die UdSSR ausgeliefert wurde.

Diese Schiffe fuhren zunächst Fracht und brachten Rohstoffe in die während des Krieges verwüsteten baltischen Staaten; bis Ende der 70er-Jahre wurden sie dann nach und nach aufgelegt. Einige wenige machten als Schul- oder Forschungsschiffe weiter, doch heute existiert gerade noch ein halbes Dutzend dieser Dreimaster, darunter die KRONWERK als Restaurantschiff in Sankt Petersburg. Das Ansehen und nicht zuletzt die hochwertige Ausbildung an Bord dieser Schiffe ermöglichten der TOWARISCHTSCH, SEDOV und KRUZENSHTERN den Fortbestand bis in die heutige Zeit. Obige Gründe führten zudem zum Neubau von fünf Großseglern in den späten 80er- und frühen 90er-Jahren, die allesamt als Schwesterschiffe des 1981 vollendeten Schulschiffes DAR MLODZIEZY konzipiert sind.

Japan und Italien konnten trotz der Niederlage einige ihrer Schulschiffe durch den Krieg retten. Die beiden 1930 vom Stapel gelaufenen Viermastbarken NIPPON MARU I und KAIWO MARU I blieben bis 1984 bzw. 1989 im Dienst der Kadettenausbildung der japanischen Handelsmarine. Dann wurden sie in stationäre Schulschiffe umgewandelt und durch Viermast-Barken desselben Namens ersetzt. Italien hatte sich die AMERIGO VESPUCCI erhalten, die zwar miserabel segelt, aber durch ihre protzig-überladene Ausstattung die Bewunderung der Besucher eines jeden Großseglertreffens erlangt. So wurde das Schiff stets gut in Schuss gehalten, gereicht es doch dem Renommee Italiens zur Ehre.

Andere Staaten konnten auf ihre während des Krieges aufgelegten Großsegler zurückgreifen. Da gab

es in Polen die DAR POMORZA, die mit dem Stapellauf der DAR MLODZIEZY außer Dienst gestellt und zu einem Museumsschiff in Gdingen umgebaut wurde, sowie die ISKRA I, die 1977 durch die Barkentine ISKRA II ersetzt wurde.
Das ehemalige Jugoslawien erhielt den während des Krieges von Italien beschlagnahmten Dreimast-Toppsegelschoner JADRAN zurück. In Spanien besann man sich der JUAN SEBASTIAN DE ELCANO, in Belgien der MERCATOR, und in Finnland verblieb das ehemalige französische Vollschiff LAENNEC unter dem Namen SUOMEN JOUTSEN, das bis 1958 gesegelt und 1959 zu einem stationären Schulschiff umfunktioniert wurde. Die schwedische Marine hegte seit 1946 den Wunsch, ihre Vollschiffe durch den Neubau von Segelschulschiffen auszutauschen, denn die NAJADEN und die JARRAMAS waren 1938 respektive 1946 aufgelegt worden. 1946 und 1947 liefen die beiden von den Linienrissen deutscher Lotsenschoner beeinflussten Zweimast-Gaffelschoner GLADAN und FALKEN vom Stapel, die noch heute ihren Dienst tun.
Anfang der 50er-Jahre hatte Chile von Spanien die Bezahlung von Schulden aus der Zeit des Bürgerkrieges zwischen 1936 und 1939 eingefordert. Damals hatte Chile Unmengen von Salpeter zur Herstellung von Schießpulver geliefert. Anstelle von Geld diente Spanien dem Land nun ein neues Segelschulschiff an, eine Viermast-Barkentine, die eigentlich die alte JUAN SEBASTIAN DE ELCANO ersetzen sollte. Das 1954 an Chile ausgelieferte Schiff erhielt den Namen ESMERALDA.
In Argentinien wurde 1953 der Neubau eines Vollschiffs namens LIBERTAD in Auftrag gegeben, das 1956 zu Wasser gelassen und 1963 in Dienst gestellt wurde. Seitdem mehrt das mit der Ausbildung der Kadetten der Seefahrtsschule in Rio Santiago betraute Schiff Argentiniens Ansehen in der ganzen Welt. LIBERTAD und ESMERALDA inspirierten andere südamerikanische Länder zum Bau neuer Segelschulschiffe für ihre Kriegsmarinen. In den 60er- bis 80er-Jahren entstanden auf Werften in Spanien vier neue Großsegler: 1967 im Auftrag Kolumbiens die GLORIA, 1976 die GUAYAS für Ecuador, 1979 die SIMON BOLIVAR für Venezuela und die CUAUHTEMOC 1982 für Mexiko.

SEGELSCHULSCHIFFE HEUTE

Heutzutage verfügen ausschließlich die Kriegsmarinen über ausreichende Mittel zur Finanzierung von Segelschulschiffen, die zunehmend repräsentative Pflichten wahrzunehmen haben. Nur in den ehemaligen Ostblockstaaten hat man sich in kommunistischen Zeiten Segelschulschiffe zur Ausbildung in der Handelsmarine geleistet. Einige dieser Schiffe existieren noch heute. Andere Segelschulschiffe befinden sich heute zu zivilen Zwecken im Besitz von Stiftungen oder Vereinen und werden in seltenen Fällen vom Staat subventioniert. Der Neubau, die Restaurierung und der Rückbau von Großseglern entspricht dem tiefen Wunsch, das maritime Erbe in Erinnerung zu behalten und vor dem Verschwinden zu bewahren.

Wie auf allen Segelschulschiffen tragen die Kadetten der DAR MLODZIEZY ihre Uniform nur bei offiziellen Anlässen und beim Landgang. Auf See ziehen sie die weiße Arbeitskleidung an, die auch besser für die Manöver geeignet ist.

SO SEGELN SIE

Die Parade anlässlich des Starts zur ersten Etappe des Cutty Sark Tall Ships' Race fand 1993 in Bergen trotz Nebels statt: Links ist das Vollschiff Dar Mlodziezy, in der Mitte die Viermastbark Sedov zu sehen.

Die Bark Europa kommt der Bisquine La Cancalaise dicht auf (rechts).

Der Schatten der Brigg Fryderyk Chopin (rechte Seite).

Die Riggs der Grosssegler

Großsegler lassen sich durch die Anzahl ihrer Masten und der Anordnung der Segel, also gemäß ihrer Takelage oder auch ihres Riggs, klassifizieren. Damit sind bereits die Benennung der Masten, aber auch ein Großteil der Segelmanöver bestimmt. Das Rigg besteht zum Einen aus dem stehenden Gut, das die generell unbeweglichen Teile wie Masten, Stagen, Wanten und Pardunen einschließt. Es hat den Zweck, die Bemastung bei den Seebewegungen des Schiffes zu stützen und der Wirkung des Windes auf die Segel zu widerstehen. Zum Anderen fällt unter diesen Begriff das laufende Gut, das Tauwerk zum Manövrieren der Rahen und der Segel, wie etwa die Fallen zum Heissen oder die Schoten zum Trimmen der Segel. Dazu gehören auch Brassen, Geitaue, Taljen sowie Bram- und Royaltoppnanten.

Jedes Rigg verfügt über eine bestimmte Anzahl von Masten sowie dem dazugehörigen Gefüge der Se-

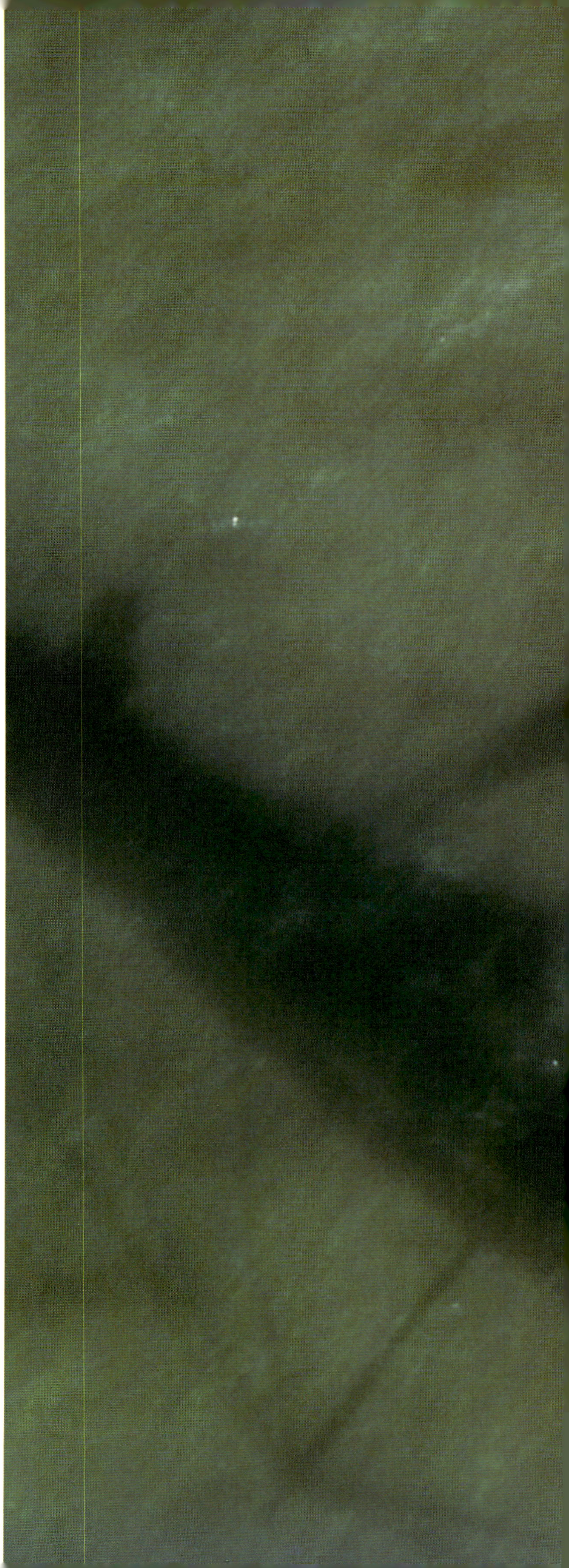

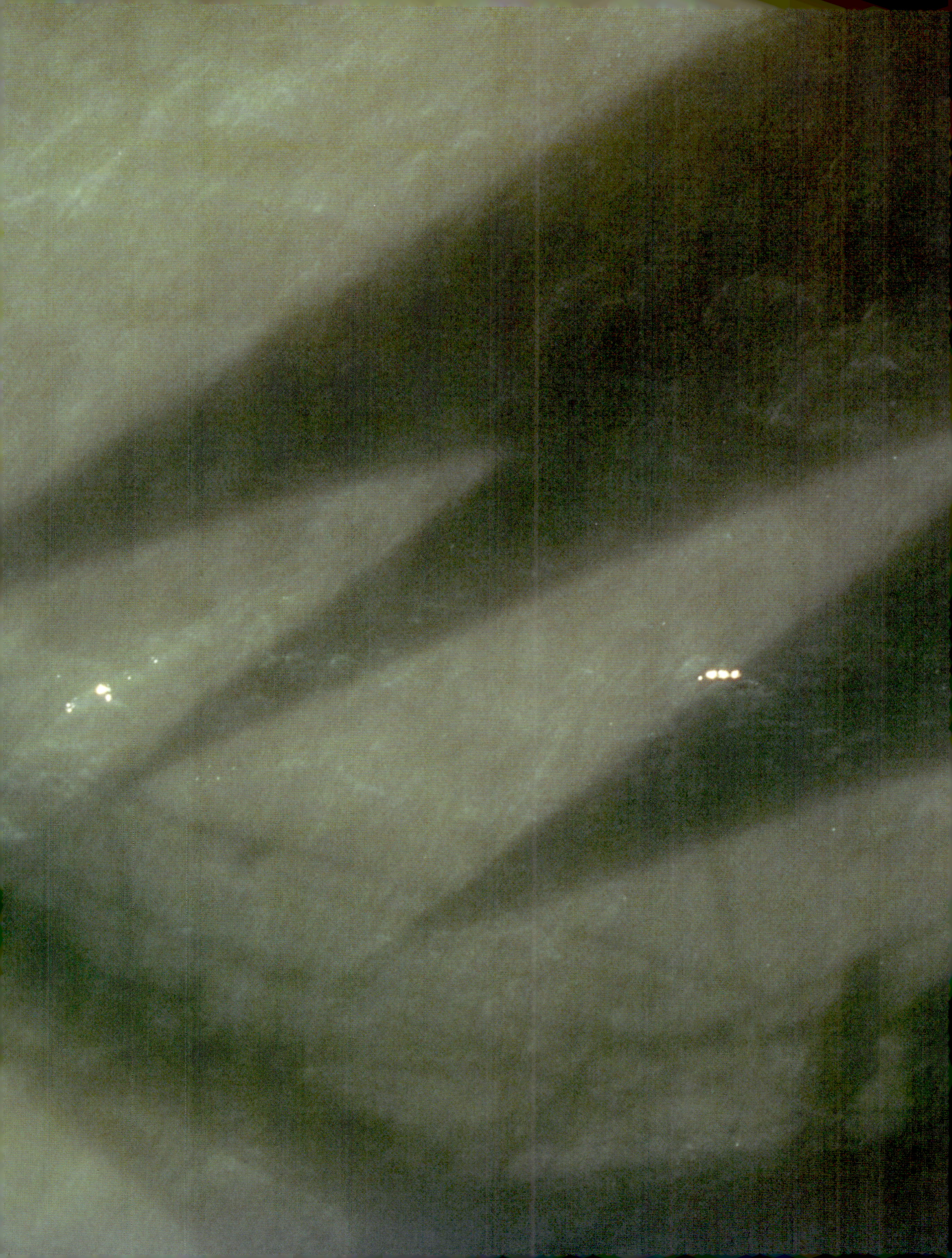

CAN 87
CAN. 87

Auf der linken Seite der Zweimast-Toppsegelschoner Pride of Baltimore II (links oben), die Bisquine La Cancalaise (rechts oben), die Brigantine Eye of the Wind (links unten), das Vollschiff Dar Mlodziezy (rechts unten).

Der Dreimast-Stagsegelschoner Zawisza Czarny II (oben).

Kadetten beim Auftuchen des Großsegels der Kruzenshtern (folgende Doppelseite).

gel, anhand derer sich Segelschiffe bestimmten Klassen zuordnen lassen. Schiffe einer Klasse weisen gleiche Merkmale auf, ohne ganz auf unterschiedliche, durchaus signifikante Attribute zu verzichten. An Segeln gibt es die längs zur Schiffachse an einem Baum, einem Stag oder einer Gaffel angeschlagenen Schratsegel und die quer zur Achse an einer Rah gefahrenen Rahsegel, die sich vornehmlich für raume und achterliche Winde eignen.

Großsegler, deren Segel längs zur Schiffsachse gefahren werden, sind die Schoner mit zwei, drei, vier oder gar fünf Masten. Zu den Rahseglern zählen dagegen die Brigg (zwei rahgetakelte Masten) oder das Vollschiff (drei rahgetakelte Masten). Daneben gibt es zahlreiche Riggs, die Segel beider Arten aufweisen, also die Barken, die Barkentinen (auch Schonerbarken) oder Brigantinen (auch Schonerbrigg), die Toppsegelschoner (Toppsegel kann auch ein Rahsegel sein), die Viermastbark.

Die Wahl des Riggs ist von der gewünschten Route, der Reisedauer, der Verdrängung und der Nutzung des Schiffes abhängig. Die Riggs haben sich in den letzten 100 Jahren kaum verändert, und bis heute sind noch nahezu alle Varianten erhalten.

Einige Details des Segelplans haben sich allerdings doch geringfügig verändert. Viele der Rahsegel hat man in der Fläche halbiert, sodass heute an einem Mast nicht mehr drei, sondern sechs bis sieben Segel gesetzt werden. Zudem besteht heute die Möglichkeit, die wichtigsten Rahsegel durch eine Spiere mit einem Bei- oder Leesegel an beiden Seiten zu verlängern. Diese Besegelung stammt aus der Zeit der Klipper.

Die meisten Innovationen sind der technischen Entwicklung zu verdanken. So kann man heute die Spieren und das stehende Gut aus durableren und leichteren Materialien bauen. Segel näht man beispielsweise nicht mehr aus Leinen oder Baumwolle, sondern verwendet synthetisches, luftundurchlässiges Tuch, z. B. aus Polyester-Fasern.

DIE SEGEL

Die gängige Besegelung eines Großseglers besteht aus Rahsegeln, Gaffelsegeln und Stagsegeln.

Das Rahsegel
Das Rahsegel ist die älteste Segelform, seine Bedienung die wohl umständlichste und schwierigste. Es ist rechteckig geschnitten und wird an einer waagerecht und quer zur Schiffslängsachse stehenden Rah angeschlagen.
Die Handhabung ist kompliziert und erfordert ein Zusammenspiel von verschiedenen Leinen. Mit zwei Schoten, die jeweils an den beiden Hälsen (den unteren Ecken des Tuches) angeschlagen sind, wird das Segel nach unten geholt. Mit den Geitauen und den Gordings lässt sich das Segel wieder unter einer Rah zusammenraffen (aufgeien). Die Ausrichtung der Rah wird mithilfe der beidseits der Rah angeschlagenen Brassen reguliert. Zum Setzen des Segels müssen zuerst die Zeisinge gelöst werden, mit denen das Segel auf der Rah zusammengebunden ist. Zu diesem Zweck geht ein Mannschaftsmitglied ins Rigg und stellt sich auf das unter der Rah hängende Fußpferd. Die Geitaue und Gordings, die Schothorn und Unterliek des Segels zur Rah aufholen, lassen sich von Deck aus fieren. Zur »Entfaltung« des Segels hängen sich mehrere Leute in die Schoten. Mit der Ausrichtung der Rahen durch die Brassen wird das Segel schließlich getrimmt, also auf den Windeinfall eingestellt. Das Manöver des Segelbergens läuft umgekehrt ab. Die Schoten werden gefiert, die Geitaue dichtgeholt. Die Leute auf dem Fußpferd packen das Segel möglichst eng zusammen und binden es mit den Zeisingen an der Rah fest.
Um ein oberes Rahsegel zu setzen, muss zuerst die Rah mithilfe des Falls aufgeheißt werden. Nach

Ein Mannschaftsmitglied der englischen EYE OF THE WIND bei der Reparatur eines Vorsegels auf dem Klüverbaum (rechts oben).

Der Besan der JUAN SEBASTIAN DE ELCANO (links oben).

Blick in die Segel des spanischen Viermast-Toppsegelschoners JUAN SEBASTIAN DE ELCANO (rechte Seite).

dem Lösen der Zeisinge werden auch die Geitaue gefiert, und an Deck wird an den Schoten gezogen. Die Rah und das Segel wiegen zusammen mehrere Tonnen, sodass sich eine ganze Deckswache an das Fall hängen muss, um das Gewicht hochzuhieven. Dabei entfaltet sich das Segel.
Beim Bergen eines solchen Segels wird das Fall langsam weggefiert. Dabei sind die Brassen auf Spannung zu halten, sodass die Rah nicht ausschert. Ist diese unten angelangt, können die Schoten gelöst und die Geitaue dichtgeholt werden.
Ein besonderes Rahsegel ist die Blinde. Dieses Segel wurde auf Schiffen im 16. und 17. Jahrhundert unter dem Bugspriet gefahren und ist heute noch auf Repliken wie der GOLDEN HINDE zu finden. Der Name des Segels zeigt, dass es die Sicht nach vorne verdeckt. Auf einigen Schiffen setzte man weiter vorn, unter dem Klüverbaum, auch die so genannte Oberblinde. Ende des 16. Jahrhunderts wurde der Sprietmast auf dem Klüverbaum eingeführt. Er trug ein kleines Rahsegel, die Sprietstengerah.

Das Gaffelsegel
Dieses viereckige Segel hat die Form eines unregelmäßigen Trapezes. Es ist längs der Schiffsachse ausgerichtet und mit seiner Vorderkante mittels Mastringen am Mast befestigt. Die Oberkante (das Oberliek) ist an einer Spiere (der Gaffel) angereiht, die Unterkante am (Giek-)Baum, an dessen Ende die Schot angeschlagen ist. Da das Gaffelsegel längs zur Schiffsachse steht, ist es besser als das Rahsegel für Kurse am Wind geeignet. Die Gaffeltakelung ist zudem einfacher und leichter von einer kleineren Crew zu handhaben.
Zum Spaß werden auf einer langen Strecke, etwa bei einer Atlantiküberquerung, und bei wenig Wind auch schon einmal individuelle Konstruktionen vorgenommen. So kann man beispielsweise auf einem gaffelgetakelten Dreimaster unter den Gaffelsegeln alte Klüversegel setzen, diese mit einem Vorliek unter dem Baum anschlagen. Das Unterliek des Klüvers steht in Lee, wobei eine Schot im Schothorn angeschlagen wird, um das Segel »dicht« holen zu können.

Stagsegel
Das Stagsegel ist dreieckig und wird u. a. zwischen den Masten an einem Stag aufgezogen. Es dient eher der Harmonisierung der Schiffsbewegung denn dem Vortrieb.
Zu den Stagsegeln gehören auch die Fock sowie meist mehrere Klüver und der Flieger (oder Jager). Während die Klüver mit ihren Hälsen am Klüverbaum befestigt sind, »fliegt« der Jager: Er wird weiter oben am Stag gesetzt (vgl. Foto Seite 74, links oben). Sie werden alle vor dem ersten Mast gefahren und erhöhen die Geschwindigkeit des Schiffes.

DIE MASTEN

Beziehen wir uns zunächst auf das Rigg einer Bark. Sie besitzt eigentlich vier Masten, wenn man den Bugspriet mit Klüverbaum als nach vorn geneigten und über den Bug hinausreichenden Mast ansehen mag. (Beachten Sie auch die Risse der unterschiedlichen Takelagen von Großseglern im Anhang S. 172/173!)
Der erste Mast hinter dem Bug ist der Fockmast; dahinter stehen der Großmast und der Besanmast. Zweimastschoner, Brigantinen und Briggs verfügen nebst dem Klüverbaum nur über einen Fock- und einen Großmast.
Die aufrecht stehenden Masten sind meist ein wenig nach hinten geneigt und werden aus mehreren Teilstücken zusammengesetzt. Das hat verschiedene Gründe. In den Zeiten der Holzmasten war keine Baumart mit ausreichendem Hochwuchs und der erforderlichen Festigkeit für ein 60 Meter hohes Rigg verfügbar. Zum anderen werden selbst die heutigen Eisenriggs aus mindestens zwei Teilen zusammengesetzt, um das obere etwa bei der Durchfahrt unter einer Brücke umklappen zu können.
Früher bestand ein Holzmast aus mindestens drei Abschnitten: dem Untermast, der im Mastfuß auf dem Kiel stand; der Marsstenge, die mithilfe des Eselshauptes an den Untermast gesetzt wird und schließlich der oberen Bramstenge. Diese Konstruktion wurde teilweise noch durch eine Royalstenge verlängert.

Das Rahsegel ist rechteckig geschnitten und an einer Rah angeschlagen; das Stagsegel ist dreieckig und wird mit Stagreitern an ein Stag (dem Verbindungsdraht zwischen zwei Masten) eingehakt (Seite 80).

Das Gewicht bestimmter Segel und Spieren sowie die Kraft, die durch Windeinwirkung auf diese ausgeübt wird, erfordern groß dimensionierte Blöcke und Taljen für die Manöver (Seite 81 oben).

Blick in einen vollgetakelten Mast der FRYDERYK CHOPIN (Seite 81 unten).

Moderne Segel aus synthetischem Tuch sind leichter als das alte Tuch aus Baumwolle oder Leinen (rechts oben).

LA CANCALAISE trägt Luggersegel. Ein Luggersegel ist rechteckig; die Oberkante (Oberliek) wird an eine Spiere angeschlagen. Das Fall setzt nach einem Drittel der Spierenlänge an (rechts unten).

CANCALE
CAN 87

Die Unterkante (Unterliek) eines Gaffelsegels wird an den Giekbaum und die Oberkante (Oberliek) an die Spiere (Gaffel) angereiht; an der Vorderkante (Vorliek) sind Mastringe angeschlagen, die beim Hissen des Segels am Mast hinaufrutschen. Diese Mastringe sind aus Holz gefertigt und manchmal zur Verringerung der Reibung von innen mit Leder bezogen (Seite 84/85).

Webeleinen sind auf die Wanten gesetzte, horizontale Verbindungen, die wie hier auf einem russischen Schiff zum Aufentern benutzt werden (Seite 85 oben und unten).

Das leichte Synthetiktuch der neuen Segelgarderobe von 1994 lässt das Sonnenlicht hindurch. Bis dahin hat man auf der SEDOV die alten, dicken Leinensegel gefahren (linke Seite).

Das Eselshaupt dient als ein Verbindungselement zwischen zwei Mastenden. Es bestand früher aus einem geteilten robusten Holzstück, dessen Hälften durch Eisenringe zusammengehalten wurden. Die englische Bauart weist zwei Löcher auf: ein quadratisches zum Einstecken des Mastkopfzapfens und ein rundes, durch das der Fuß der Stenge fährt. Heute werden vielfach eiserne Eselshäupter verwendet. Sie sind eine feste Vorrichtung mit einer quadratischen und einer runden Öffnung. Heckwärts tragen sie einige Bügel zur Befestigung der Racks und für die Führung der Stagen.
Die Rigg-Terminologie basierte lange Zeit auf einer international einheitlichen Logik. Mit den in der zweiten Hälfte des 19. Jahrhunderts entwickelten technischen Möglichkeiten entstanden in den verschiedenen Ländern unterschiedliche Riggs und Takelungen.

Rundhölzer und Segel

Die Rundhölzer (Masten, Stenge, Bäume usw.) sowie die Segel wurden und werden meist nach ihrer Position im Rigg bezeichnet. Also heißt das Hauptsegel des Fockmastes Fock und das des Großmastes Großsegel.
Sind Fock- und Großmast rahgetakelt, werden ihre Segel nach dem Teil des Mastes bezeichnet, an dem sie gesetzt sind.
Die Vor-Marssegel werden an der Marsstenge des Fockmastes, die Großmarssegel an der Marsstenge des Großmastes gefahren. Das gleiche gilt für die Bramsegel ...
Seitdem die einzelnen Rahsegel zum Zwecke der leichteren Handhabung in der Fläche halbiert wurden, teilt sich das Marssegel in ein Untermarssegel, dessen Rah am Mast fest angeschlagen ist, und ein Obermarssegel, das darüber gefahren wird und dessen Rah zum Segelsetzen aufgeheißt werden muss. Die Systematik dieser Bezeichnungen stimmt in nahezu allen Sprachen überein.
Auch die Bramsegel teilen sich in das Unterbramsegel, dessen Rah fest installiert ist, und das vorzuheissende Oberbramsegel. Zur weiteren Vergrößerung der Segelfläche werden darüber die Royal- und teils noch die Skysegel gesetzt. Setzt man oberhalb des Skysegels noch ein Rahsegel, so ist dies der Mondgucker.
Heutzutage gibt es Großsegler wie zum Beispiel die Konstruktionen von Zygmunt Choren (POGORIA, DAR MLODZIEZY, FRYDERYK CHOPIN) oder die ALEXANDER VON HUMBOLDT, die ausschließlich feste Rahen besitzen, was die Manöver ebenfalls enorm vereinfacht.

Die Mannschaft

Die Manöver auf einem Großsegler erfordern eine gut ausgebildete Mannschaft. Die Offiziere müssen wie alle Führungskräfte in der Handels- und der Kriegsmarine das Patent einer Seefahrtsschule erwerben. Ihre theoretischen Kenntnisse gleichen also denen der Offiziere von Frachtern, Fähren oder Kriegsschiffen.
Der Führungsstab umfasst neben den nautischen Offizieren auch die Ingenieure, die mit der Beaufsichtigung der Maschine, aber auch aller mechanischer Apparaturen, Hydrauliken, der Elektrik, der Spills und Winschen, der Wasserentsalzungsanlage, der Navigationslichter und Elektronik sowie der Gas- und Wasserinstallationen betraut sind.
Auf den größeren Schiffen gibt es zudem einen Zahlmeister, der für alle administrativen Aufgaben zuständig ist, sowie einen Arzt und/oder Krankenpflegepersonal.
Die Mannschaft setzt sich ebenfalls aus professionellen Seeleuten zusammen. Deren Boss, der Bootsmann, erweist sich nicht selten als die wahre Seele an Bord. Er bleibt oft jahrelang auf einem Schiff und kennt es wie seine Westentasche. Er kümmert sich um die Instandhaltung und die Reparaturen des laufenden und des stehenden Guts und verhindert somit beispielweise auch Unfälle. Er beherrscht und lehrt die gesamte Seemannschaft. Besonders für die auf den Schiffen der Marine wechselnden Offiziere ist der Bootsmann als Ansprechpartner unersetzlich.
Die Schiffszimmerleute sind mit der Pflege und In-

standsetzung aller hölzernen Elemente wie den Decks, der Wegerung, den Niedergängen, den Rettungsbooten, den Blöcken und auch dem Lack beschäftigt. Für den Erhalt und die Reparatur der Segel ist gibt es auf den größeren Großseglern oft einen Segelmacher.

Auf einigen Großseglern mit großer Mannschaft, also vornehmlich auf den russischen Schiffen, gibt es neben dem Bootsmann die Bootsmaaten, die jeweils für einen Mast zuständig sind und über dessen stehendes und laufendes Gut zu wachen haben. Der Koch ist dem Bootsmann oder Offizier in Rang und Ansehen in etwa gleichgestellt. Auf größeren Schiffen stehen ihm Helfer wie ein Bäcker und die Stewards zur Seite.

Die Passagiere oder Trainees unterstützen das Schiffspersonal, aber ihre Teilnahme am Bordleben ist von Schiff zu Schiff unterschiedlich intensiv. Auf Kreuzfahrtschiffen sind die Passagiere von den Manövern ausgeschlossen. Trainees auf Charter- oder Schulschiffen beteiligen sich an Manövern und Wachen, steuern, unterstützen Koch und Steward und helfen bei der laufenden Schiffspflege. Sie bezahlen für ihren Aufenthalt an Bord, doch die Kosten sind geringer als die der Passagiere von Kreuzfahrtschiffen.

Bestimmte Segelschulschiffe haben sich auf eine spezielle Zielgruppe wie etwa Körperbehinderte (LORD NELSON) oder ehemalige Delinquenten zwecks Resozialisierung festgelegt. In Deutschland wären dies z. B. die etwas »handlicheren« Traditionssegler JACHARA, CAROLA und UNDINE.

Kadetten sind Lehrlinge oder Schüler der Seefahrts- und Offiziersschulen. Sie streben einen maritimen Beruf an und durchlaufen an Bord die praktische Ausbildung. Zu diesem Zweck nehmen sie an allen Tätigkeiten teil, erhalten parallel dazu aber auch theoretischen Unterricht. Sie zahlen nicht für ihren Aufenthalt an Bord, sondern erhalten unter Umständen sogar eine geringfügige Entlohnung.

Abschließend ein Zitat von Alan Villiers über Seeleute:

»Der Kap Hoorn-Seemann früherer Jahre war ein findiger Mensch, der zufrieden war, irgendwo auf Erden von seinem Schiff abzumustern und gleich ein anderes zu finden – oder zumindest eine Beschäftigung, mit der er sich über Wasser halten konnte. Sich auf diese Weise durchzuschlagen, verlieh dem Leben sicherlich eine besondere Würze. Auffällig ist, dass die Männer, die diese durchaus nicht leichte Schule durchlaufen hatten, sich im Allgemeinen als erstaunlich gute Leute erwiesen, wohin das Leben sie auch verschlug. Aus ihnen sind mehrere Reeder, mindestens ein ehemaliger Vizekönig von Indien, etliche Admiräle, mehrere Chefredakteure, ein Poeta laureatus sowie eine bemerkenswerte Zahl von Führungspersönlichkeiten auf anderen Gebieten hervorgegangen. Ein junger Mann, der einen Monat lang im leichten Dienst auf einem Passagierdampfer faulenzt, statt einer vernünftigen Arbeit nachzugehen, tut weder sich noch seinem Land etwas Gutes.«

Ein Großteil der Arbeit an Bord wird von der jeweiligen Wache erledigt. Für die Manöver heißt es aber wie hier auf der französischen L'ETOILE »All hands on deck!« (unten).

Im Rigg der FRYDERYK CHOPIN ist ein Trainee noch dabei, das Segel sorgfältig einzubinden, während das Schiff schon seinen Ankerplatz ansteuert (rechte Seite).

Von Deck aus gesehen ist die KRUZENSHTERN unter vollen Segeln wirklich beeindruckend. In dem Netz wird das Stagsegel vor dem Setzen deponiert (folgende Doppelseite).

An Bord der FRYDERYK CHOPIN, hier 1992 bei einer Atlantiküberquerung, lernen die jungen Trainees, dass man nur voran kommt, wenn die Zusammenarbeit gut funktioniert (Seiten 92–93).

LEBEN UND ARBEITEN AN BORD

Die Kadetten des polnischen Vollschiffes DAR MLODZIEZY bereiten das Auftuchen eines Segels vor.

Das Leben an Bord der Großsegler ist in den letzten 100 Jahren Dank des besseren Komforts wie der modernen Lebensbedingungen deutlich leichter geworden, und die Schiffe fahren nun keine Fracht mehr. Die Manöver werden hingegen noch immer so wie einst durchgeführt. Allerdings stehen heute pro Wache mehr Leute zur Verfügung, sodass auch deshalb eine Arbeitserleichterung zu spüren ist.

Im Rhythmus der Wachen

Die Schiffsbesatzungen müssen auf See wie im Hafen rund um die Uhr einsatzbereit sein. Deshalb wird der Tag in sechs Wachen von jeweils vier Stunden unterteilt, die Mannschaft dagegen in drei Gruppen, die je eine Tag- und eine Nachtwache übernehmen. So folgt für jeden Seemann auf eine Wache von vier Stunden eine Freiwache von acht Stunden.

Die meiste Zeit an Bord sind die Mannschaften mit den laufenden Instandsetzungsarbeiten befasst. Zu diesen Arbeiten können auch Kadetten und Trainees herangezogen werden. Außerdem müssen die Seeleute außerhalb ihrer Wachen an Manövern teilnehmen, sobald die Wetterlage es erfordert.

Wie die Mitglieder der eigentlichen Mannschaft haben auch die Kadetten und Trainees während ihrer Wache bestimmte Aufgaben zu erledigen. Darunter fällt vor allem das Rudergehen unter Beaufsichtigung eines Offiziers, der den Steuerkurs vorgibt. Der Rudergänger muss den wachhabenden Offizier regelmäßig über alle Schwierigkeiten und Probleme hinsichtlich des Kurses, der sich verändernden Windrichtung und der Segel informieren. So kann es beispielsweise an der Kreuz nötig werden, den Steuerkurs den drehenden Winden anzupassen.

Ein oder zwei Leute übernehmen den Ausguck. Sie sind auf der Back postiert, beobachten die See und melden dem Wachoffizier aufkommende Schiffe, Leuchttürme, Landmarken oder treibendes Gut.

In bestimmten Fällen vermittelt der Wachoffizier während der Wache auch theoretische Kenntnisse und zieht die Auszubildenden in die Berechnung von Kurs und Ort hinzu. Zudem werden künftige Manöver geplant und besprochen. Ein bis zwei Mal pro Stunde macht einer der Profi-Seeleute in Begleitung eines Kadetten oder Trainees einen Rundgang und kontrolliert das gesamte Schiff, sodass etwaige technische Probleme oder ein Feuerausbruch frühzeitig erkannt werden können. Dabei sind auch die Bilge und die Räume unter Deck regelmäßig in Augenschein zu nehmen, um Rumpfschäden und Wassereinbrüche zu diagnostizieren.

Alle Mann einer Wache müssen sich bereithalten, um die anderen im Manöver zu unterstützen. Ausguck und Rudergänger werden im Allgemeinen stündlich abgelöst, und jeder übernimmt während einer Wache verschiedene Aufgaben. Kadetten oder Trainees haben bisweilen keine bestimmten Arbeiten zu erledigen. Die Mußestunden dienen dem Begreifen größerer Zusammenhänge, aber so mancher Trainee erwirbt dann auch seine seemann-

Der Ausguck auf der Back ist auch für das Glasen zuständig. Nach zwei Glasen (eine Stunde) wird er meist abgelöst. Bei Kälte und in der Nacht kann dieser Job äußerst anstrengend sein – vor allem, wenn man wie dieser Kadett auf der Sedov die Hundewache geht (unten).

Die Fryderyk Chopin 1992 während ihrer Jungfernreise über den Nordatlantik, bei der sich das volle Potenzial der Rahtakelung beweisen konnte. Vorn wird gerade ein Klüver aufgetucht (rechte Seite).

schaftliche Grundausbildung oder Kenntnisse in der Geschichte der Segelschifffahrt. Und so mancher Trainee nutzt die Gelegenheit, die Lebensweise und Kultur der Kameraden an Bord zu entdecken. Die Erledigung all der schlichten Aufgaben an Bord ist nicht jedermanns Sache. So muss man es zum Beispiel vier Stunden lang an Deck aushalten können, sich den teilweise sehr rauen Bedingungen und dem noch ungewohnten Rhythmus von Arbeit und Freizeit bzw. Schlaf an Bord aussetzen. Wer tagsüber von Mittag bis 16 Uhr Wache hat, muss auch nachts von Mitternacht bis vier Uhr hinaus. Nachts sind die Kälte, der Regen und die Feuchtigkeit noch schwerer zu ertragen, und nur wer sich warm anzieht, kann an solch einer Wache Freude haben. So ist es besonders nachts eine Frage der Sicherheit, warum der Ausguck alle Stunde abgelöst wird: Wer ständig auf die See blickt, wird von Müdigkeit übermannt und ist entsprechend unaufmerksam.
Doch Wache gehen hat auch ihre schönen, makellosen Seiten:
»Wir erleben immer wieder unsere Sonnenaufgänge und -untergänge, und die See breitete allein für uns ihre ganze Schönheit verschwenderisch aus ... Von einem Segler aus entdeckt man viele merkwürdige Dinge auf See, die sich sicher leicht erklären ließen, wenn wir sie enträtseln könnten – sonderbare Lichtstrahlen im Wasser, ungewöhnliche Verzerrungen, seltsam geformte massige Gestalten, die in der Ferne vorbeiziehen, wunderliche Fische, die einen kurzen Moment ihren missgestalteten Kopf aus dem Wasser stecken und dann für immer verschwinden – man weiß nicht, ob man sie wirklich gesehen hat.« (Alan Villiers)

Bestimmte Manöver wie hier auf der KRUZENSHTERN erfordern viel Kraft und eine gut koordinierte Zusammenarbeit der Mannschaft (folgende Doppelseite).

Auf der FRYDERYK CHOPIN muss jeder einmal Wache gehen und auch das Ruder übernehmen, so wie hier der Bordarzt (Seite 102).

Matrosen und Kadetten erledigen an Bord dieselben Aufgaben; so auch beim Anlegemanöver der CUAUHTEMOC.

Die Kleidung

Schlicht sah es aus in der Seemannskiste und in späteren Jahren im Seesack eines Matrosen, der auf einem Großsegler angeheuert hatte. Von der Mutter oder der Ehefrau für die lange Fangsaison auf hoher See oder von der Geliebten für den »Verlobten« auf großer Fahrt gepackt, befanden sich darin ein wenig Unterwäsche, drei blau-weiß geringelte Strickhemden, ein langärmeliges Hemd, zwei Tuchhosen, eine Hose und eine Matrosenbluse aus Wolle, eine Mütze, Seestiefel, Ölzeug und ein Südwester (der Moses besaß oftmals nichts als die aussortierten, in der Größe geänderten Kleidungsstücke der Erwachsenen). Außerdem besaß jeder Seemann ein Messer, das ihm zum Arbeiten wie zum Essen diente. Einen goldenen Ohrring im rechten Ohr trugen nur der Bootsmann und die Unteroffiziere, sozusagen als Zeichen ihres Dienstgrades.

Die Männer schliefen bekleidet in Hängematten und zogen dabei nur ihre Seestiefel aus. Die Kleidung war von Salzwasser durchnässt, wurde deshalb nie wieder richtig trocken und verlumpte in kürzester Zeit. Zwangsläufig beschäftigten sich die Seeleute also in ihrer Freizeit auch mit dem Nähen von rubuster Kleidung. Vor allem nähten sie sich aus dem dicken Tuch der zerrissenen Segel Matrosenblusen, die sie zur Imprägnierung mit Öl tränkten. Auch Seestiefel wurden an Bord hergestellt: Dazu stopfte man Holzschuhe mit Stroh aus und verlängerte sie mit einem Schaft aus geöltem Segeltuch, der bis über die Knie reichte. Aus Segeltuch nähte man auch Espadrilles, die mit einem Band zugebunden wurden. In den wärmeren Breiten flochten sich die Männer Strohhüte. Eine alte Wolldecke und gegebenenfalls ein aus Leder gefertigter Schlafsack vervollständigte ihre Ausrüstung.

Heutzutage ist die Ausstattung der Seeleute durchaus vielfältiger. Die Kleidungsstücke sind leichter, wärmer und wasserdichter und behindern nicht so sehr die Arbeit im Rigg. Auch die Hygiene und der Komfort an Bord haben sich deutlich gebessert. Auf nahezu allen Großseglern gibt es Waschmaschinen und ausreichend Süßwasser, meist auch einen Wäschetrockner. Als Arbeitszeug dienen Jeans und Shorts, Pullover und T-Shirts, eine dicke Jacke, Ölzeug, ein Matrosenhemd, eine Mütze, Sportschuhe, Gummistiefel, Sonnenbrille und natürlich ein Klettergurt. Zusätzlich braucht man saubere Kleidung für den Landgang.

Vorhergehende Seite: Ein Ruderlagenanzeiger ist unerlässlich für die träge reagierenden Großsegler (oben links).
Klargelegte Trossen für ein reibungsloses Anlegemanöver (oben rechts).
Blöcke erleichtern die Arbeit der Seeleute an Bord (unten links).
Perfekte seemännische Arbeit am Fuße einer Pardune (unten rechts).

Der Matrose vor dem Steuerrad seines Schiffes posiert in seiner Arbeitskleidung: Espadrilles aus Segeltuch, Hose, Jacke und Mütze aus Wolle. In Anbetracht des Kinnbartes ist dieser Mann wohl ein Konsument von Kautabak ... (links).

Heutzutage trägt man während der Wache eine warme, wasserdichte Jacke aus Synthetikfasern, die zudem bequem und äußerst haltbar ist (rechte Seite).

Am Steuerrad der SEDOV steht Konstantinowitsch, der zu den erfahrensten Seeleuten seines Schiffes gehört. Sein Blick fällt auf den kardanisch aufgehängten Tochterkompass, mit dem er seinen Kurs kontrolliert (rechts).

Seit Anfang des 20. Jahrhunderts gibt es auf den großen Segelschiffen zur Erleichterung der Manöver große Winden. Diese werden etwa zum Brassen, also dem Ausrichten der Rahen, oder zum Aufheissen derselben benutzt. Heute profitieren die SEDOV, STAD AMSTERDAM, CISNE BRANCO und die hier abgebildete KRUZENSHTERN von so einer Apparatur (folgende Doppelseite links oben und unten).

Ist an Bord keine Winde vorhanden, müssen sich bei schwereren Arbeiten mehrere Männer zusammentun. Solange die Last leicht ist, können sie noch laufen, später wird in einem bestimmten Rhythmus gerissen (folgende Doppelseite rechts).

DIE MANÖVER

Segelmanöver werden im Allgemeinen von einem Offizier oder dem Bootsmann kommandiert. Dieser erhält eine Weisung, etwa für einen Segelwechsel oder ein anderes Manöver, und setzt diese mit seinen Decksleuten, von denen jeder eine bestimmte Aufgabe zugeteilt bekommt, um.
Die Profimannschaft integriert die Kadetten und Trainees und erklärt ihnen, was zu tun ist. Eigentlich ist nur die aufgezogene Wache für die Manöver zuständig, aber die Freiwache kann, wenn nötig, mit zu den Arbeiten herangezogen werden. Beim Segelsetzen und -bergen ist das meistens der Fall. Im Grunde sind es die Manöver, welche die majestätische Würde der Großsegler ausmachen. Eine Wende oder Halse oder das Setzen und Bergen der Segel brauchen viel Zeit – wenn alles glatt läuft eine halbe bis eine Stunde – und dass mit »all hands« an Deck. Alle Leinen müssen aufgeklart bereitliegen, damit es beim Fieren keine Kinken gibt. Nach jedem Manöver werden sie genauso sorgfältig wieder aufgeschossen über einen Belegnagel gehängt. Die Handhabung des laufenden Guts erfordert die genaue Kenntnis des Riggs und der entsprechenden Befehle. Auf Momente des Wartens folgen Phasen intensiver Anstrengung. Hierbei lernen die Kadetten im Team zu arbeiten, Geduld zu haben und Verantwortung zu tragen, denn der kleinste Fehler kann schwere Folgen nach sich ziehen.
Bei viel Wind sind das Setzen eines Segels und das Brassen der Rahen Schwerstarbeit, die nur gemeinschaftlich geleistet werden kann; eine gute Koordination ist für das Gelingen des Manövers unabdingbar. Bevor es ans eigentliche Segelsetzen geht, müssen die Matrosen in den Mast, um die Zeisinge zu lösen, die die Segel zusammenhalten. Das Hinaufklettern ist gar nicht so schwer, doch bedarf es beim ersten Mal oft einer gewissen Überwindung. Aus diesem Grund ist es auf einigen Segelschulschiffen üblich, die Neuankömmlinge noch im Hafen ins Rigg zu schicken, wo sich der Bootsmann oder der für die Sicherheit verantwortliche Zweite Offizier von den Fähigkeiten je-

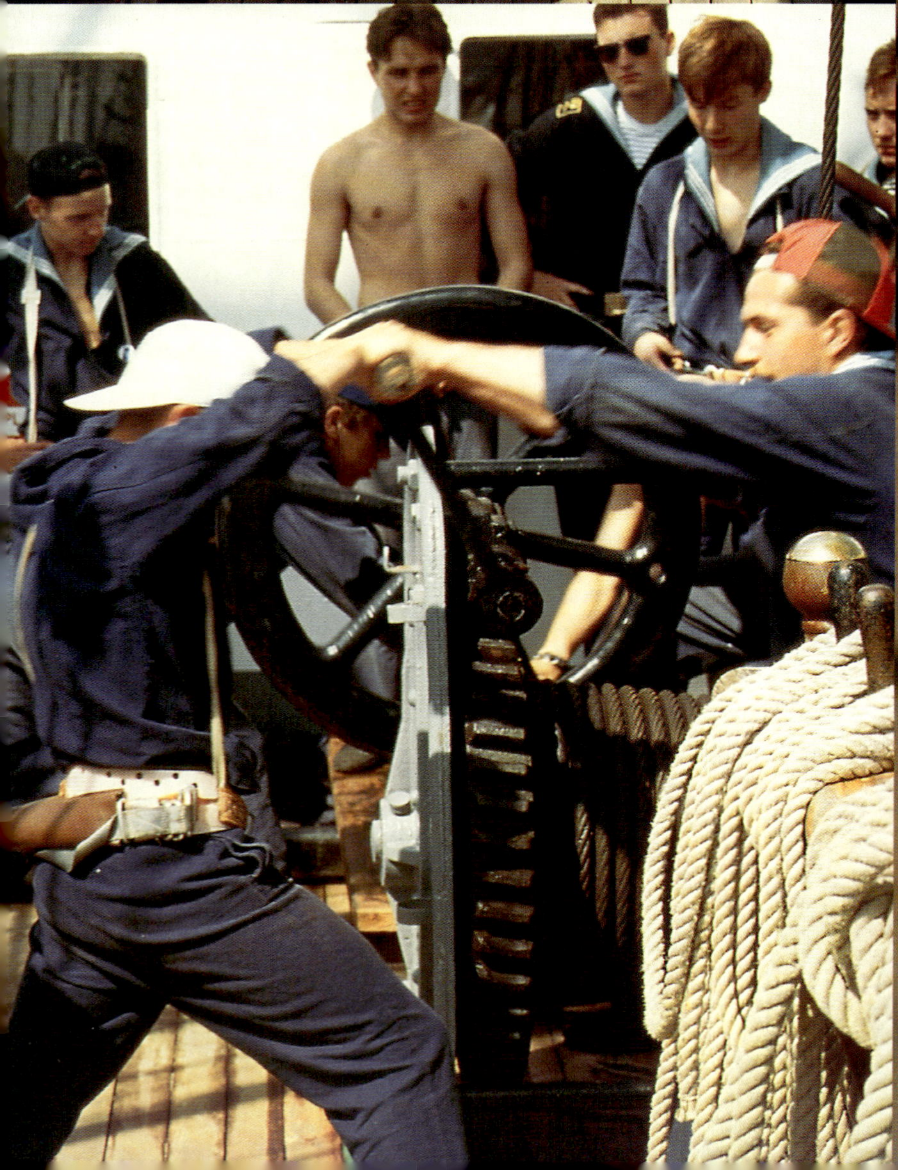

Das kolumbianische Segelschulschiff GLORIA nahm 1998 am Cutty Sark Tall Ships' Race von Vigo nach Dublin teil. Die Mannschaft ist an Deck erschienen, um die Segel zu setzen und zu trimmen (vorhergehende Doppelseite).

Auf Großseglern ist Sicherheit groß geschrieben. Die Evakuierung der Mannschaft und der Feueralarm wie hier an Bord des ukrainischen Dreimasters TOWARISCHTSCH werden regelmäßig geprobt (rechts).

des Einzelnen überzeugen können. Sich in 20, 30, 50 oder gar 60 Meter Höhe über dem Deck zu bewegen und mit den Füßen Halt auf den schwankenden Leinen zu finden, ist nicht unbedingt ein Kinderspiel, doch mit einer guten körperlichen Verfassung und ein bisschen Übung bei gutem Wetter gewöhnen sich die meisten recht schnell daran und fürchten es dann auch bei schlechterem Wetter nicht. Dabei ist die Einhaltung bestimmter elementarer Sicherheitsregeln unabdingbar. Das Tragen eines Klettergurtes ist Pflicht, und genauso wichtig ist es, sich mit diesem an einer sicheren Stelle einzuhaken. Es gilt die Maxime: eine Hand für sich und eine für das Schiff.

Die Eindrücke und Erlebnisse im Rigg und an Deck können ebenso erschreckend wie berauschend sein. Die Erfahrung lehrt erst nach und nach die vielen Manöver und die Vielfältigkeit der Takelage zu verstehen. Das Wichtigste lässt sich in ein paar Wochen begreifen; den körperlichen Anforderungen ist dagegen nicht so schnell zu entsprechen. So mancher, der zum ersten Mal an einem Manöver teilnimmt, empfindet eine gewisse Ehrfurcht und Ohnmacht gegenüber einem Schiff. Doch in Zusammenarbeit mit den anderen ist selbst das komplizierteste Rigg in den Griff zu bekommen. Jedenfalls lässt sich das wirkliche Verständnis für die Seefahrt nur auf See erwerben. Dort geht jegliche vielleicht während der Ausbildung an Land erworbene Voreingenommenheit über Bord. Die zukünftigen Seeleute setzen sich mit den Anforderungen auf See auseinander und lernen ihnen nachzukommen und damit auch ihre Ängste zu beherrschen.

Alan Villiers beschreibt die Vertrautheit des Seemanns mit »seinem« Schiff:

»Er kennt sie; er hat sie auf ihrer Reise beobachtet, wie sie tapfer einen Hurrikan durchstand, gut von einer Leeküste freisegelte, wie durch ein Wunder auch bei Flaute vorankam. Er hat ihre kleinen Abwege studiert, die Verschrobenheiten und Sonderlichkeiten [...] er kennt ihre Stärken und Schwächen, weiß, was man ihr zumuten kann und wann sie unterfordert ist. Von seinem Schiff spricht er stets so, als ob es lebte.«

Die Arbeit im Rigg

Früher durften nur die Vollmatrosen hinauf in die Masten, und diese Ausschließlichkeit war ihr ganzer Stolz. Qualifiziert war nur jemand mit mehrjähriger Berufserfahrung. Später konnte dieser dann zum für die Bedienung der Segel zuständigen Marsgast oder gar Bootsmann aufsteigen.

Die Segel aus Baumwolltuch waren schwer. Um eines der unteren Segel aufzutuchen, das in trockenem Zustand etwa 1,5 Tonnen, nass sogar bis zu drei Tonnen wiegen konnte, benötigte man mindestens 15 Mann. Die Leute standen nebeneinander auf dem Fußpferd, jener unterhalb der Rah angebrachten Leine, und packten das Tuch an. Das Segel wurde zunächst sorgfältig gefaltet, um es dann eng aufzurollen (sodass möglichst wenig Tuch der Witterung ausgesetzt blieb) und auf die Rah zu legen. Die Zeisinge schließlich dienten dazu, das Segel an der Rah festzuknoten.

Um die Jahrhundertwende wurde die Mannschaftsstärke der großen Handelsschiffen reduziert, sodass ein Manöver schon einmal zwei Stunden dauern konnte. Dabei waren aufgrund ihrer Erfahrung und ihrer Qualifikation allein die Marsgäste für Erhaltung des stehenden und laufenden Guts verantwortlich.

Die Arbeit der Marsgäste umfasste je nach Fahrtgebiet auch das An- und Abschlagen der Sturm- oder Flautenbesegelung. Bei einer Reise über den Atlantik und rund Kap Hoorn musste etwa die relativ leichte und für die Überfahrt in den Passatwinden geeignete Garderobe später durch festeres Tuch ersetzt werden, das während der bekanntermaßen schwierigen Umrundung des Kaps handfesten Stürmen zu trotzen hatte.

Heutzutage ist jedes Mannschaftsmitglied und natürlich auch jeder Kadett oder Trainee, unabhängig von seiner eigentlichen Aufgabe, in der Lage, die Arbeit im Rigg zu verrichten.

Das Arbeiten im Rigg hat sich seit den Zeiten der Berufsschifffahrt unter Segeln kaum geändert. Heute trägt allerdings jedermann einen Kletter- oder Sicherheitsgurt, wie hier bei Takelarbeiten im Mast der FRYDERYK CHOPIN (linke Seite).

An Bord der Großsegler auf großer Fahrt war es üblich, bei wenig Wind die alten Segel zu setzen, die dann bei zu erwartendem schwerem Wetter, etwa für die Rundung Kap Hoorns, gegen neue ausgewechselt wurden. Dazu verbrachten die Matrosen einige Zeit im Rigg, um die alten Segel abund die neuen anzuschlagen, wie es hier bei einem Untersegel der Fall ist (rechts).

Das moderne Tuch ist Dank der neuen Materialien leicht und trotzdem winddicht und kann von jeder Frau und jedem Mann mit gesunder körperlicher Konstitution gehandhabt werden. Ein Klettergurt, heute aus Sicherheitsgründen im Rigg eines jeden Segelschiffes obligatorisch, erweist sich vielleicht auch gegen Höhenangst als hilfreich.

Dank der besseren Haltbarkeit der modernen Tuche erübrigt sich das ständige Wechseln der Segel. Reparaturen sind heutzutage seltener und einfacher, sodass nahezu jeder mit ein bisschen Übung imstande ist, sie durchzuführen.

Im Rigg wird auch ständig die Bekleedung erneuert. Das Stahltauwerk wird dazu mit Segeltuchstreifen und geteertem Bändsel dicht umwickelt.

Die Hygiene

Zu Zeiten, da die Segelschifffahrt noch dem Handel und dem Krieg diente, galt die Hauptsorge der täglich zehn bis 14 Stunden arbeitenden Männer sicherlich nicht ihrer Körperpflege. Nur am Sonntagmorgen war Waschen angesagt – vorausgesetzt, das Wetter spielte mit. Wenn Sturm und Niederschläge über Wochen kein Ende nahmen, wie oftmals beim Umrunden Kap Hoorns der Fall, bot sich den Seeleuten keine Möglichkeit, sich zu waschen, denn dieser Vorgang musste an Deck stattfinden. Auch gab es weder salzwassertaugliche Seife oder Waschpulver, und die mit Seewasser gespülte Wäsche wurde nie wieder richtig trocken.

Jedermann erhielt zur Reinigung von Körper und Kleidung sechs Liter (Trink-)Wasser. Damit musste man sehr sparsam umgehen und eine ganz ausgeklügelte Technik anwenden. Die Matrosen breiteten ihre Wäschestücke in Lagen an Deck aus: unten die Arbeitskleidung, darüber die Unterwäsche. Sie wuschen sich so, dass das vom Körper ablaufende Seifenwasser zuerst die Leibwäsche und dann die anderen Kleidungsstücke durchtränkte.

Bart und Schnauzer waren lange Zeit wegen der möglichen Verunreinigung durch das Kauen von Priem verboten, seit dem Ende des 19. Jahrhunderts dann erlaubt. Um die meist struppigen und fettigen Haare kümmerte man sich erst, wenn Landgang angesagt war: Dann und vor allem vorm Besuch der Hafenviertel ließ man sie einfach abschneiden. Zahnpflege war gänzlich unbekannt. Die jungen Offiziere schliffen ihre Zähne, was bei der Eroberung des weiblichen Geschlechts ganz hilfreich war, letztlich aber dem Gebiss schadete.

Die Ernährung an Bord bestand vornehmlich aus Gepökeltem, Schiffszwieback, getrocknetem Gemüse und hin und wieder einem Stück Frischfleisch. Je nach Nationalität wurde sie durch Wein, Bier, Branntwein oder andere hochprozentige Getränke ergänzt.

Die Nahrungsvorräte dezimierten sich aufgrund von Ratten, Kakerlaken und anderen Schädlingen oder verdarben auch durch die Feuchtigkeit. Die Konservierung von Lebensmitteln setzte sich erst im beginnenden 20. Jahrhundert durch. Bis zum Ersten Weltkrieg mussten die Kombüsen auf Weisung ihrer geizigen Reeder auch verdorbene Lebensmittel zubereiten und ausgeben. Nebst den lebenden Tieren an Bord konnte nur der frisch gefangene Fisch zur Versorgung mit frischer Nahrung beitragen. Mit der Konservierung von Mehl wurde zu Beginn des 20. Jahrhunderts auch das Brotbacken an Bord möglich.

Heutzutage gelten an Bord dieselben Hygienestandards wie an Land. Es gibt Duschen, Waschmaschinen, Seewasserentsalzungsanlagen ... Kann an Bord kein Trinkwasser aufbereitet werden, besteht die Notwendigkeit, das Frischwasser auf See zu rationieren, doch mittlerweile wird ja alle ein bis zwei Wochen ein Hafen angelaufen. Auf den russischen Großseglern mit großen Mannschaften darf unterwegs nur die Unterwäsche mit der Maschine gewaschen werden; mit der Arbeitskleidung verfährt man auf traditionelle Weise und schrubbt sie an Deck.

Für die Kombüse gelten dieselben Hygienevorschriften wie für Restaurantküchen. Gefriertruhen gewährleisten die Versorgung mit »frischen« Nahrungsmitteln, die regelmäßig nachgebunkert werden. Damit gibt es an Bord eine abwechslungsreiche Ernährung, die auch frisches Gemüse und Obst einschließt.

Der Abzug eines Negativs von Alan Villiers, aufgenommen 1928 auf der finnischen Viermast-Bark HERZOGIN CECILIE während des Getreiderennens zwischen Port Lincoln, Australien und Falmouth, Cornwall: Improvisierte Duschen (rechte Seite).

Die Aufenthalte in den Häfen werden oftmals zur Erneuerung des Rumpfanstrichs genutzt, wie hier bei der deutschen ALEXANDER VON HUMBOLDT. Diese Arbeit kann bei Flaute auch auf See durchgeführt werden (folgende Seite).

Zwei Mal im Monat ist Waschtag auf der KRUZENSHTERN. Mit Salzwasser und Schrubber rückt man der schmutzigen Wäsche zu Leibe – heutzutage allerdings mehr aus Tradition denn aus Notwendigkeit (Seite 119 oben).

Deckschrubben mit Sand und Mauerstein (Seite 119 unten).

Sonstige Arbeiten an Bord

Die Aufgaben der Mannschaft, der Trainees und Kadetten beschränken sich nicht allein auf die Durchführung von Manövern und Wachen. Ein Teil der Arbeitszeit ist der Ausbildung, ein anderer Teil der Erhaltung von Sauberkeit und Ordnung an Bord gewidmet. Dazu zählt das allmorgendliche Decksäubern genauso wie das Putzen in den Sanitär- und Gemeinschaftsräumen und, soweit vorhanden, das Polieren von Messing-, Kupfer- und Bronzebeschlägen, aber natürlich auch das Kochen und die Backschaft. Außerdem ist die ständige Pflege und Instandsetzung von Rumpf, Deck und Rigg erforderlich: Da wird beispielsweise gemalt, lackiert und repariert, und es werden Blöcke und Leinen ausgewechselt.

So verbringt jeder an Bord weit mehr als die offiziellen acht Stunden der Wache mit bestimmten Arbeiten und zwar an allen sieben Tagen der Woche. Im Großen und Ganzen aber wird die Arbeit gerne verrichtet. Sie hat den positiven Nebeneffekt, dass sie Langeweile gar nicht erst aufkommen lässt. Auf den meisten Großseglern wird einmal in der Woche das Deck geschrubbt. So wird das Deck nicht so rutschig. Zum Schrubben braucht man viele Leute, und die haben unter Umständen einen ganzen Tag zu tun. Traditionellerweise wird auf dem nassen Deck Sand verstreut, dieser mit Hilfe eines gebrannten Mauersteins verteilt und dabei die Scheuerwirkung ausgenutzt. Danach spült man Sand und Abrieb mit Wasser von Deck.

Die Wartungsarbeiten an Deck wie in der Takelage obliegen natürlich den erfahrenen Mannschaftsmitgliedern. Einige Tätigkeiten wie etwa die Reparatur eines zerrissenen Segels hoch oben im Mast, die Instandsetzung eines Beibootes oder das Kalfatern des Decks kann mehrere Tage in Anspruch nehmen. Die Kadetten führen auf See zusätzlich den theoretischen Unterricht der Seefahrtsschulen fort.

Zum Tagesablauf auf See gehören auch Erholung und Entspannung. Früher war das Sonnenbaden verpönt; auf der Fryderyk Chopin wie auf anderen modernen Schiffen ist es dagegen sehr beliebt.

Die Qualität der Küche hat großen Einfluss auf die Stimmung an Bord. Auf dem Vollschiff Amerigo Vespucci gibt es deswegen mehrere Köche, Hilfsköche und Stewards (Seite 122 oben).

Die Mannschaftsmesse auf der L'Etoile (Seite 122 unten).

Der Salon der niederländischen Brigantine Swan fan Makkum geht über zwei Decks. Hier werden auch Gäste empfangen (Seite 123).

Sie haben Navigations-, Mathematik-, Mechanik- oder Sprachkurse und lernen das Funken. Projektartiges Arbeiten zieht sich oft über ein ganzes (Schul-)Jahr und beinhaltet Schwerpunkte wie die wissenschaftliche Beobachtung der maritimen Welt oder ethnologische Feldforschungen, die dann während der Zwischenstopps stattfinden.

Das Leben in der Gemeinschaft

Je nach Schiffsgröße leben 20 bis 200 Leute an Bord zusammen. Der Komfort hat sich in den letzten 100 Jahren glücklicherweise deutlich gebessert: Es gibt Strom und ständig frisches Trinkwasser, und die Qualität der sanitären Einrichtung ist durchaus mit der an Land vergleichbar. Auch haben Heizungen und Klimaanlagen die Lebensbedingungen an Bord enorm verändert.

Während die Offiziere eine Kabine für sich allein beanspruchen können, sind die Matrosen zu zweit oder zu dritt untergebracht. Alle anderen Mannschaftsmitglieder sowie die Kadetten und Trainees schlafen mit bis zu 15 Leuten in einem Raum. Ausnahmen bilden Schiffe wie die Gloria oder die Statsraad Lehmkuhl, wo Kadetten und Trainees in Gruppen von rund 50 Mann in Hängematten schlafen. Diese sind heutzutage allerdings ebenso bequem wie richtige Kojen: Sie werden gut gespannt, bieten also eine angenehme Liegefläche, und sind zudem mit Matratzen gepolstert. Bei heftigen Schiffsbewegungen sind sie vielleicht die ruhigste Schlafstätte.

Die drei Mahlzeiten pro Tag – nur auf den russischen Schiffen gibt es vier Mal Verpflegung – sind wichtige Pausen. Sie versorgen nicht nur die Wachen mit der nötigen Energie, sondern bieten zudem Anlass zur Geselligkeit. Auf den meisten mittelgroßen Schiffen werden die Mahlzeiten von den Offizieren, der Mannschaft und den Trainees gemeinsam eingenommen.

Men moat it seil net heger lûke

Unter Deck

Einst lebte die Mannschaft im Vorschiff, wo sie bei gutem Wetter unter der schlechten Belüftung und bei schlechtem Wetter unter der salzhaltigen Nässe litt. Die Mannschaftslogis war meist nur mit einem Schott vom Laderaum getrennt.

Bestand die Fracht aus Guano, Salpeter, frischen Fellen, Kabeljau oder Erdnüssen, drangen starke, mehr oder weniger unangenehme Gerüche in die Schlafräume und mischten sich dort mit dem Gestank fauligen Wassers und toter Ratten aus der Bilge und den Ausdünstungen der Männer.

Mit dem Einsatz der Gewerkschaften zu Beginn des 20. Jahrhunderts kamen die Mannschaftslogis im Decksaufbau unter, da sich die Bauweise der Schiffe aufgrund höherer Frachtvolumina änderte. Auf den ganz großen Segelschiffen gab es sogar mehrere dieser Deckshäuser, welche Platz für eine komfortable Messe und die Kombüse boten.

Die Offiziere wohnten im Achterschiff. Der Kapitän verfügte als Einziger über eine eigene Kammer, manchmal auch über eine Sitzecke, einen privaten Salon oder einen Speiseraum. Diese waren häufig gut ausgestattet, und enthielten sogar ein Klavier, wenn der »Alte« oder seine Gattin, die ihn von Zeit zu Zeit auf langen Reisen begleitete, musikbegeistert waren.

Noch heute ist die Mannschaft meist im Vorschiff untergebracht, und die Offiziere wohnen achtern. Auf Segelschulschiffen mit großen Mannschaften werden die Leute über das gesamte Schiff verteilt. Kadetten und Trainees schlafen meistens mittschiffs. Auf den Segelschiffen der Marine dient gewöhnlich ein nicht gerade bescheidener Raum zum Empfang der offiziellen Besucher und Ehrengäste. Dieser Salon oder auch Kapitänssalon ist besonders geschmackvoll eingerichtet und sollte einen möglichst guten Eindruck vom Schiff vermitteln. Die wichtigste Aufgabe eines Segelschulschiffs der Marine ist nämlich, Botschafter der Nation zu sein, und erst an zweiter Stelle folgt die Rolle als Ausbildungsschiff für Kadetten.

Der Salon der GLORIA ist für Empfänge ebenso wie für Ausstellungen geeignet (unten links).

Ein Blick in den Salon der venezolanischen Bark SIMON BOLIVAR (unten rechts).

Kapitän Hilton in der Offiziersmesse der Bark L'ABYSSINIA, die im Jahre 1875 vom Stapel lief (rechte Seite oben).

Ein Kapitän mit seiner Gattin im Salon eines amerikanischen Segelschiffs (rechte Seite unten).

MADEIRA

Kasik, der Chefsteward auf dem polnischen Dreimaster DAR MLODZIEZY, verbringt seine gesamte Freizeit in seiner kleinen Werkstatt im Vorschiff, wo er wunderschöne Buddelschiffe fertigt.

Auf den größeren Segelschiffen wie denen der Marine führt die Hierarchie an Bord auch zur Einrichtung von getrennten Messen für Mannschaft und Offiziere. Damit die Wachen ungestört ihren Dienst tun können, werden Mahlzeiten mehrfach serviert: einmal am Ende einer Wache, das zweite Mal zu Beginn der folgenden. Für die Nachtwachen gibt es warme Mahlzeiten und heiße Getränke, und auf einigen Schiffen wird bei jedem Wachwechsel etwas angeboten. Lebensmittel lagern heutzutage in Gefriertruhen oder Kühlräumen, und bei jedem Hafenaufenthalt werden frische Waren nachgebunkert. Ratten und Wanzen sind weitestgehend von den Schiffen verschwunden, und Krankheiten oder Unfälle kommen eher selten vor. Blasen, Verstauchungen und Knochenbrüche treten häufig infolge von Unachtsamkeit auf. Ansonsten gibt es an Bord dieselben Krankheiten wie an Land. Am häufigsten wird auf See nach dem Zahnarzt verlangt.

Freizeit an Bord

Die Wachen, die zusätzlichen Arbeiten sowie das Essen und Schlafen füllen nicht unbedingt den ganzen Tag auf See aus, und es bleibt noch ein wenig freie Zeit. Bei schönem Wetter liegen viele gerne an Deck in der Sonne. Andere lesen, hören Musik oder singen. Es wird Schach gespielt, auch Monopoly oder Karten, und manchmal gibt es sogar Fußballturniere. Diese laufen über den gesamten Aufenthalt an Bord und werden zwischen verschiedenen Mannschaften mit Hin- und Rückrunden ausgerichtet.
Auf einigen Großseglern sind sogar eine Bar und ein Video-Raum mit aktuellen Filmen vorhanden. Schließlich ist so mancher Mitsegler auch am Angeln und Fischen interessiert. Außerdem wird in der Freizeit die Wäsche gemacht. Zwar gibt es auf vielen Schiffen Waschmaschinen; auf den russischen Seglern wird die Wäsche jedoch einmal in der Woche an Deck ausgebreitet, mit Seifenwasser getränkt, mit Bürsten geschrubbt, gespült und ausgewrungen und schließlich an allen möglichen und unmöglichen Stellen an Bord zum Trocknen aufgehängt.

SWAN
DOPKE

Freizeit-beschäftigungen

Früher waren Mußestunden eine Seltenheit. In der Freiwache waren oft noch viele Instandsetzungsarbeiten zu erledigen. Die dann verbleibenden wenigen Stunden dienten dem Schlaf. Einzig der Sonntagnachmittag, die Stunden nach der wöchentlichen Körperpflege und dem Wäschewaschen, erlaubte eine Abwechslung von dem täglich wiederkehrenden Arbeitsrhythmus. Da wurden Kleidungsstücke genäht oder gestopft, Strohhüte oder Latschen geflochten. Die Seeleute versuchten sich im Kunsthandwerk oder bemalten Seekisten und -säcke. Einige verbrachten Stunden mit Schnitzereien an Pottwalzähnen oder an den Knochen von Albatrossen und Walen, fertigten Flaschenschiffe, Pfeifen, Seestücke ... Besonders begabte und unermüdliche Matrosen stellten kunstfertig außergewöhnliche Gegenstände her: Spazierstöcke aus dem Rückgrat der Haifische, Tabaksbeutel aus den Füßen der Albatrosse, Dinge, die gemeinhin als Mitbringsel für die Lieben zu Hause gedacht waren, die aber oft genug auch als Zahlungsmittel dienten und somit Barbesitzern oder Prostituierten in die Hände fielen.

Die meisten Matrosen und auch die Offiziere verbrachten einen Großteil ihrer Freizeit an Bord mit dem Angeln und Fischen. Das war im Sinne der

Die Seeleute von einst frönten der Modesportart Boxen (unten).

Heute sind eher Ringkämpfe angesagt. Wie hier an Bord der FRYDERYK CHOPIN werden sogar Turniere veranstaltet (rechte Seite).

gesamten Mannschaft, denn der Fisch stellte häufig die einzige frische Kost in der Bordnahrung dar. Thunfisch, Gold- und Meerbrassen und Haie wurden mit Schleppangeln geangelt, Tümmler mit Harpunen erlegt.

Die größte Leidenschaft der Seeleute aber gehörte dem Tabak. Die Mannschaft vom Vorschiff kaute, die Offiziere von achtern schnupften ihn, weil das weniger Dreck machte, denn der Saft des Kautabaks färbte Bärte und Schnauzer ein. Das Tabakrauchen auf den Holzschiffen galt auch wegen der Entzündungsgefahr der vielen Leinen, der Farben sowie von Teer, Petroleum und Harzen als gefährlich. Und so waren die Raucher diversen Beschränkungen unterworfen: Unter Deck, achtern und des Nachts galt Rauchverbot. Geraucht werden durfte nur auf einem Teil des Decks bis hin zum Bug. Diese Regel besteht auf vielen Schiffen noch heute. Andererseits galt der Tabak als wirksames Mittel gegen Karies und Skorbut. So hatten viele Männer ständig und sogar beim Schlafen einen Priem im Mund.

Sportliche Aktivitäten fielen an Bord flach, denn die Arbeit war früher bereits anstrengend genug. Offiziere trugen allerdings manchmal Boxkämpfe gegeneinander aus. Heutzutage erfahren sowohl Fitnessräume wie die Fußballturniere an Deck großen Zulauf von Seiten der Kadetten wie auch der Trainees. Daneben gibt es weitere Sportangebote, wobei sich die Kampfsportarten bei den Kadetten als besonders beliebt erwiesen haben. Sie absolvieren in den wenigen Monaten ihres Bordaufenthaltes ein umfangreiches und streng durchgeführtes Trainingsprogramm.

Eine oftmals unzureichende Schulausbildung bedingte einst einen hohen Anteil an Analphabeten, sodass das Lesen als Freizeitbeschäftigung wenig Bedeutung hatte. Bücher blieben im Prinzip den Offizieren vorbehalten, die auch Schach, Dame oder Karten spielten. Heutzutage sind Karten-, Monopoly- oder Schachturniere äußerst beliebt und werden in den Messen nahezu aller Großsegler veranstaltet. Damals wie heute ist die Hauptbeschäftigung der Seeleute allerdings das Gespräch.

Auf den meisten Segelschiffen gibt es mittlerweile Sport- oder Fitnessräume. Auf der KRUZENSHTERN trainieren die Seeleute in der Last (links).

Fußball an Deck der portugiesischen Bark SAGRES II. Die kleinen Tore werden von knienden Torhütern bewacht. Für ein Spiel sind unzählige der aus Stoffresten gefertigten Bälle nötig, die alle irgendwann über Bord gehen (folgende Doppelseite).

Auf den Charterschiffen wird die Freizeit auf ähnliche Weise genutzt. Tätigkeiten wie Malen oder Takelarbeiten – auf den Segelschulschiffen als Arbeit angesehen – werden von den Trainees, die das Leben auf See von der Pieke auf kennen lernen wollen, durchaus als entspannende Freizeitbeschäftigungen aufgefasst. Auf einigen Charterschiffen existieren auch Projekte zur Erkundung des maritimen Lebens, worunter das Singen von Seemannsliedern wie die Beobachtung von Vögeln, das Tauchen oder die Fotografie zu verstehen ist. Die Passagiere von Kreuzfahrtschiffen haben unbegrenzt Freizeit, die Mannschaften arbeiten dagegen genauso viel wie etwa auf einem Passagierdampfer, sodass die freie Zeit vornehmlich zum Ausruhen und Erholen genutzt wird. Traditionelle Äquatortaufen und Geburtstage werden im allgemeinen für Bordfeste auf See genutzt, was einen Ausbruch aus dem gleichförmigen Arbeitsalltag bedeutet. Nachrichten und Neuigkeiten aus aller Welt kommen an Bord gewöhnlich bruchstückhaft in Umlauf und interessieren nur wenige, denn das Leben an Bord ist eine ganz eigene Welt. Die Gemeinschaft lebt ausschließlich für ihr Schiff und dessen gutes und sicheres Vorankommen.

Selbst nach einer kurzen Reise empfindet der Seemann den Hafenaufenthalt oft als privilegierte Situation. Sobald das Schiff aufgeklart, alle notwendigen Arbeiten verrichtet sind und die Offiziere der Mannschaft einen Landgang zubilligen, drängt jedermann unter die Dusche und strebt an Land in Richtung Zentrum. Dem tut die Begeisterung für die Seefahrt keinen Abbruch, aber ans Auslaufen mag vorerst niemand mehr denken. Auf Reede und im Hafen findet das Bordleben oftmals in reduzierter Form statt: Nur Wenige nehmen an den Mahlzeiten teil, die Bar und der Video-Raum sind verwaist. Jeden zweiten Tag müssen die Männer im Allgemeinen an Bord bleiben. Natürlich wird weiterhin jeden Morgen das Deck abgespritzt, und das Schiff wird nach wie vor Tag und Nacht bewacht.

Es befinden sich diverse Spezialwerkzeuge für Holz-, Metall-, Farb- und Takelarbeiten im Gebrauch. Aufentern zum Einpacken der aufgegeiten Rahsegel (unten).

Die Reparatur eines Segels wie hier an Bord der Lord Nelson wird an Ort und Stelle durchgeführt, denn das Abschlagen des Tuches ist mühsam (rechte Seite).

Ausguck auf der Fryderyk Chopin (folgende Doppelseite).

Die Navigationsinstrumente

Einst waren die Bestimmung der Schiffsposition und die Wahl der Fahrtroute schwierig und zählten zu den Hauptrisiken der Seefahrt. Aufgrund der Ungenauigkeit der Instrumente wie der Methoden blieb die Position der Schiffe nahezu dem Zufall überlassen. Nun haben sich aber die Qualität der Instrumente wie die Fähigkeiten ihrer Benutzer nach und nach gebessert.

Segelschiffe fuhren häufig in Landsicht und orientierten sich an den Küsten. Auf hoher See, etwa auf Forschungsreisen oder bei der Überquerung der Weltmeere, kamen verschiedene Hilfsmittel und Instrumente zum Einsatz. Die Bussole und in späteren Jahren der Kompass erlaubten das Steuern eines bestimmten Kurses, das Astrolabium ermöglichte die Messung einer Gestirnshöhe über dem Horizont, und auch die Erfindung und Entwicklung des Jakobsstabes, des Oktanten wie des Sextanten und des Chronometers sowie die immer präziseren Seekarten verbesserten die Genauigkeit der Ortsbestimmung auf See.

Seit Anfang des 20. Jahrhunderts profitierte man auf Schiffen in besonderer Weise vom technischen Fortschritt und begann die Funkpeilung, Radar, Decca und schließlich auch das GPS für die Ortsbestimmung auf See zu nutzen. Die moderne Schiffsbrücke ist häufig mit einer Kombination von GPS und Rechner ausgestattet, und die Schiffsposition erscheint in

Die gesamte Führungsmannschaft des Großseglers nutzt den klaren Himmel, um die Ortsbestimmung mithilfe des Sextanten zu üben. Anders war damals die Position nicht zu berechnen.

Trotz der heute üblichen elektronischen Navigationsinstrumente lernen die Kadetten den Umgang mit dem Sextanten, der auch bei einer Panne in der Bordelektrik ein verlässliches Instrument bleibt (folgende Doppelseite).

Zwei mexikanische Seeleute bewundern die Großsegler und Kriegsschiffe, die sich 1999 anlässlich der Armada du Siècle in Rouen versammelt haben (Seiten 142–143).

regelmäßigen Abständen und automatisch auf dem mit einer Seekarte unterlegten Bildschirm. Indessen ist kein Schiff gänzlich vor Stromausfall oder elektronischen Pannen geschützt, und so werden die guten alten Navigationsmethoden – das Peilen von Landmarken bei der Küstenfahrt und der Umgang mit dem Sextanten auf See – aus Sicherheitsgründen auf den Segelschulschiffen auch weiterhin gelehrt.
In den Anfängen waren die Kommandanten der Segelschiffe und im besonderen Maße die der Royal Navy würdevolle Amtsträger, die von »Segelmeistern« Unterstützung erhielten. Diese, meist Lotsen, gaben ihre Kenntnisse von Generation zu Generation weiter, und ihre Erfahrungen reichten aus, um ein Großteil der Gefahren während der Seefahrt abzuwenden. Mit der Zunahme des Schiffsverkehrs und der Ausweitung der Routen wurden diese Spezialisten rar, und die Kapitäne sahen sich gezwungen, selbst seemännische Fähigkeiten zu erwerben. Sie lernten den Umgang mit Navigationsinstrumenten, übernahmen die Kenntnisse der Lotsen und sammelten eigene Erfahrungen. In den Zeiten der Berufsschifffahrt unter Segeln waren die Offiziere an Bord die Einzigen mit ausreichenden mathematischen Kenntnissen für das Treiben von Handel und das Ausrüsten der Schiffe.
Heutzutage sind diese Aufgaben noch immer dem Kapitän und den Offizieren vorbehalten, aber die Ortsbestimmung kann von allen Mannschaftsmitgliedern ausgeführt werden. Die Brücke ist offen für jedermann, und der jeweilige wachhabende Offizier muss sich für die Navigation verantworten. Jeder kann die Handhabung eines Sextanten und eines GPS-Gerätes, das Einzeichnen eines Kurses in die Seekarte oder die Benutzung des Radars unter Anleitung eines Offiziers oder anderer erfahrener Mannschaftsmitglieder erlernen. Nur auf den luxuriösen Kreuzfahrtschiffen ist Teilen der Mannschaft und den Passagieren der Zugang zur Brücke untersagt.

A74

WINDJAMMER-PARADEN

Die KRUZENSHTERN, DAR MLODZIEZY und MIR bei einem Zwischenstopp des Tall Ships' Race 2000 in Cadiz. Die Regatta führte von Southampton bzw. Genua über Cadiz zu den Bermudas, nach Boston und Halifax und anschließend über den Atlantik zurück nach Amsterdam.

Nach dem Zweiten Weltkrieg war die Großsegelschifffahrt praktisch nicht mehr existent. Eine erste, ausschließlich für die »Kathedralen der Meere« organisierte Wettfahrt im Jahre 1956 galt ihrer Wiederbelebung. Und bei der zweiten Regatta von 1958 war bereits eine Art Aufbruchstimmung zu spüren. Es folgten andere Initiativen, deren Erfolge weitere Kreise zogen. Zu den Start- und Zielhäfen der Wettfahrten fanden sich von Mal zu Mal immer mehr Menschen ein, und auch unabhängig von diesen speziellen Veranstaltungen wurden weltweit immer mehr Feste im Gedenken an die Seefahrt oder zu Ehren bestimmter maritimer Festtage veranstaltet.

Die bedeutenden Grossseglerregatten

Anfang der 50er-Jahre träumte der Londoner Jurist Bernard Morgan davon, der Segelschifffahrt neue Impulse zu verschaffen. Es war seine Idee, zur Förderung der Völkerverständigung Jugendliche unterschiedlicher Nationen an Bord zusammenzuführen. Dieses Projekt konnte bald noch andere Liebhaber der Großsegelschifffahrt überzeugen, unter anderem auch den Konstrukteur und Langstreckenregatta-Experten Kapitän John Illingworth.

1954 gründeten sie das Sail Training International Race Committee (STIRC). Im Juni 1956 in Sail Training Association (STA) umbenannt, organisierte der Verband eine Wettfahrt, an der auch Vollschiffe teilnahmen. Im Juli desselben Jahres verließ daraufhin eine kleine, fast zufällig zusammengestellte Flotte den Hafen von Torbay in Südengland, um die rund 800 Seemeilen lange Strecke nach Lissabon zurückzulegen. Dabei handelte es sich um die Schiffe Sagres I, Creole, Gladan, Falken, Sørlandet, Mercator, Georg Stage II, Flying Clipper und Christian Radich, der Gewinnerin in der Gruppe der Vollschiffe. Begleitet wurde die Flottille von einigen kleineren Schiffen, unter denen sich auch die Yacht von Alan Villiers mit dem portugiesischen Botschafter in London an Bord befand.

Die polnische Brigg Fryderyk Chopin wurde von dem Polen Zygmunt Choren entworfen und 1992 fertig gestellt. Hier segelt sie unter Vollzeug vor den Antillen.

Der Erfolg dieser Probeveranstaltung und die Begeisterung der Mannschaften, Eigner und Reeder der Großsegler stützten die Idee, so etwas alle zwei Jahre zu wiederholen. 1958 führte der Regattakurs der in drei Gruppen aufgeteilten Flotte mit 17 Schiffen von Brest nach Las Palmas. Damals nahmen auch erstmals die Schoner der französischen Marineschule teil. In Klasse A gewann die SAGRES I, in Klasse B die L'ETOILE. Eine andere Wettfahrt mit zwölf Teilnehmern führte zeitgleich von Brest nach La Coruña. An der Folgeregatta nach Ostende nahmen sechs Großsegler, darunter die MERCATOR und die GEORG STAGE II sowie mehrere norwegische Schiffe und zwölf kleinere Segler teil. Als Siegerin unter den Vollschiffen wurde die STATSRAAD LEHMKUHL ermittelt. Parallel fand im Mittelmeer eine Wettfahrt von Cannes nach Neapel statt, die von der eben erst fertig gestellten GORCH FOCK II in der Klasse der fünf Vollschiffe gewonnen wurde. 1962 konnte dieses Schiff auch die Regatta Torbay – Rotterdam über die französische Insel Ouessant für sich entscheiden.

Als ein Problem erwiesen sich, zumindest in den Augen der Veranstalter, die unterschiedlichen Größen und Klassen der teilnehmenden Schiffe: Die Großsegler maßen nahezu 100 Meter Länge, verdrängten mehrere tausend Tonnen und wurden von Mannschaften von 150 bis 200 Leuten gesegelt; die kleinsten, um die zehn Meter langen Schiffe verdrängten ebenso viele Tonnen und konnten gerade einmal auf zwölf Segler zurückgreifen. Das erklärte Ziel der Veranstaltungen war also auch die Zusammenführung alter wie moderner Segelschiffe, und weil sich mit der Anzahl der Schiffe auch die Vielfalt erhöhte, gab man die alte Klasseneinteilung auf und führte für die Wettfahrten ein Handikapsystem ein.

Die kolumbianische Bark GLORIA startete auch beim Cutty Sark Tall Ships' Race von Dublin nach Vigo im Jahre 1998 (linke Seite).

Bei dem großen Seglertreffen Brest 2000 kamen gut 2000 Schiffe zusammen, darunter allein 50 Großsegler. Den krönenden Abschluss der Veranstaltung bildete die Parade nach Douarnenez (folgende Doppelseite).

1964 die erste Wettfahrt in die Vereinigten Staaten

Im Laufe der Jahre bemühten sich immer mehr Länder um die Ehre, die Großsegler bei sich zu empfangen, aber in den Wettfahrtbestimmungen war zumindest ein britischer Starthafen festgeschrieben. 1964 machten die USA ihr Interesse geltend, die Großseglerflotte in New York zu empfangen. Die Wettfahrt teilte sich in mehrere Etappen, von denen die erste mit 15 Schiffen von Plymouth nach Lissabon führte. Von dort startete man mit über 20 Seglern zur 3600-Seemeilen-Etappe zu den Bermudas. Unter den Teilnehmern befanden sich die JUAN SEBASTIAN DE ELCANO, SAGRES II, GORCH FOCK II, LIBERTAD, SØRLANDET, STATSRAAD LEHMKUHL, CHRISTIAN RADICH und DANMARK. Sie alle erschienen zu der ersten »Operation Sail« in New York.

In Großbritannien war man ein wenig bestürzt, dass sich unter den Teilnehmern keine englischen Großsegler befanden. So kam es dort zu einem Spendenaufruf für den Bau eines großen Segelschulschiffes für die Jugend. Dieses wurde im März 1966 als STA-Schoner SIR WINSTON CHURCHILL in Dienst gestellt. Seine erste Wettfahrt, die er übrigens als Sieger beendete, führte ihn mit mehreren anderen Großseglern von Falmouth in Südcornwall zur Nordspitze Dänemarks nach Skagen. In jenem Jahr wurde die Regatta erstmals zweigeteilt: Die zweite Etappe führte von Skagen nach Den Helder (Niederlande). Siegerin der in Klasse A teilnehmenden Vollschiffe wurde die GORCH FOCK II. Eine beträchtliche Spende erlaubte es der STA im folgenden Jahr, mit der MALCOLM MILLER einen zweiten Dreimast-Toppsegelschoner mit dem Riss der SIR WINSTON CHURCHILL in Auftrag zu geben.

Seit 1965 jedes Jahr ...

Zu Beginn der 60er-Jahre sah sich die STA durch ihren Erfolg verpflichtet, alljährlich eine Wettfahrt zu veranstalten – in den ungeraden Jahren allerdings jeweils mit geringerem Aufwand. So kam es zwischen 1965 und 1975 alle zwei Jahre zu einer Regatta von Southsea nach Cherbourg, die für mittlere Schiffsgrößen ausgeschrieben war. Auch hier stiegen die Teilnehmerzahlen von Mal zu Mal. 1968 startete man Wettfahrten vom schwedischen Göteborg wie vom englischen Harwich nach Kristiansand, Norwegen, dem Heimathafen der SØRLANDET. Von den neun Großseglern der einen

Regatta-Route gewann die GORCH FOCK II in Klasse A, in Klasse B die GLADAN. Die andere Route wurde von 21 Schiffen mittlerer Größe gesegelt. Eine dritte Strecke führte einige Segelschiffe von Portsmouth nach Cherbourg, wo in Klasse B die MALCOLM MILLER als Siegerin ins Ziel kam.
1970 wurden zwei Kurse von Plymouth nach Teneriffa respektive La Coruña mit jeweils rund 40 teilnehmenden Schiffen ausgelegt. Zwei weitere Wettfahrten fanden zwischen Weymouth und Saint-Malo sowie Southsea und Cherbourg statt. Die Veranstaltungen mehrten sich, und wenn auch nicht alle gleich gut besucht waren, so stiegen die Teilnehmerzahlen doch kontinuierlich an. Auch die kleineren Wettfahrten, etwa von Monaco nach Porto Cervo, von Porto Cervo nach Malta, von Southsea nach Cherbourg oder von Weymouth nach Saint-Malo wurden immer beliebter.

Neue Impulse dank Sponsor Cutty Sark
Das Jahr 1972 markiert eine Trendwende bei der Veranstaltung von Großseglerregatten. Die Hauptwettfahrt wurde in fünf Etappen geteilt und in jenem Jahr erstmals von dem Hersteller des Whiskys Cutty Sark gesponsert. Die Kosten der internationalen Ausrichtung der Wettfahrt waren beträchtlich gestiegen und konnten nicht mehr von der allein durch Spenden finanzierten STA aufgebracht werden. Es war dies die Geburtsstunde der Cutty Sark Tall Ships' Races, die mit der ersten Teilnahme eines Segelschiffes der damaligen Ostblockstaaten zusammenfiel. Das polnische Vollschiff DAR POMORZA wurde denn auch Sieger der Etappe Solent–Skagen. Zuvor aber musste deren Beteiligung beim KGB durchgesetzt werden, was dank des enormen Einsatzes der Polin Janka Bielak, die noch heute Mitglied des Regattakomitees ist, möglich wurde. Sie überzeugte die polnischen Behörden von der Bedeutung von Jugendarbeit und Völkerverständigung in jenen Zeiten des Kalten Krieges ...
Damit bekam die Arbeit der STA eine neue Zielrichtung. So fand auch zum ersten Mal ein Mannschaftstausch, der so genannte »crew change«, statt, bei dem Mannschaftsmitglieder beim ersten

Die großen Treffen werden von den Schiffsbesatzungen wie den Besuchern festlich begangen. Musik trägt, wie hier in Rouen, zu der feierlichen Stimmung bei.

Das Cutty Sark Tall Ships' Race 1999 startete seine erste Etappe im Juli in Saint-Malo. Groß- und Traditionssegler, aber auch moderne Schiffe gehen bei leichter Brise auf Kurs in Richtung Greenock in Schottland (vorhergehende Doppelseite).

Beim Ein- und Auslaufen paradieren die Kadetten der großen Segelschulschiffe an Deck und in der Takelage, um dem Hafen die Ehre zu erweisen, wie hier die Mannschaft der GORCH FOCK II (linke Seite).

Zwischenstopp ihr Schiff verließen, um für die folgende Etappe auf einem anderen mitzusegeln. Schließlich war 1972 auch das Jahr, in dem Barcley Warburton erstmals mit seiner kleinen Brigantine BLACK PEARL an der Regatta teilnahm. Zurück in den USA, gründete er dort, angetan von der Arbeit und den Zielen der STA, die ASTA (American Sail Training Association).

Ab 1973 verloren die Veranstaltungen in den ungeraden Jahren ihren zweitrangigen Status, und fortan wurden jedes Jahr Cutty Sark Tall Ships' Races organisiert. Seit 1974 wird außerdem die Cutty Sark Trophy für das Schiff mit dem größten Engagement für die Völkerfreundschaft vergeben. Damals nahmen erstmalig die sowjetischen Schulschiffe TOWARISCHTSCH und KRUZENSHTERN teil und letzteres erhielt die Cutty Sark Trophy. Die Vergabe findet seitdem jeweils am Ende der ersten Etappe statt und zählt noch heute zu den Höhepunkten der Veranstaltung.

Die erste Teilnahme der damaligen Ostblockstaaten

1974 wurde erstmals auf einer Wettfahrt ein Hafen in einem »Ostblockland«, nämlich das polnische Gdingen in der Nähe von Danzig angelaufen, das zugleich Heimathafen der DAR POMORZA war. Dabei konnte die TOWARISCHTSCH die Etappe Kopenhagen – Gdingen gewinnen. 15 Jahre später ermöglichte Wulf Marquard die Teilnahme westlicher Trainees an Bord von Segelschiffen der ehemaligen sowjetischen Flotte.

1976 querte zum zweiten Mal eine Großseglerregatta den Atlantik. Sie startete in Plymouth und machte Zwischenstopps auf Teneriffa, auf den Bermudas und in Newport. Von dort wurden die Schiffe anlässlich der zweiten Operation Sail nach New York überführt und nahmen an der 200-Jahr-Feier zur amerikanischen Unabhängigkeit teil. Dann ging es nach Boston und erneut über den Atlantik zurück nach Plymouth. Siegerin in den ersten beiden Etappen in Klasse A war erneut die TOWARISCHTSCH. Die Cutty Sark Trophy ging an die belgische Ketsch ZENOBE GRAMME.

1978 führten zwei verschiedene Kurse nach Oslo, einer wurde von dort nach Harwich weiter gesegelt. Die Sieger hießen GORCH FOCK II, KRUZENSHTERN und SIR WINSTON CHURCHILL; die GLADAN erhielt die Cutty Sark Trophy. Seit diesem Jahr finden in Nordamerika regelmäßig Veranstaltungen der American Sail Training Association (ASTA) statt. 1979 konnte die AMERICA, Nachbau des berühmten Schoners, der 1851 die Wettfahrt rund um die englische Insel Wight gewonnen hatte, ihren zweiten Erfolg auf einer Großseglerregatta feiern. 1984 war es die VELSHEDA, eine Yacht der J-Klasse, die in den 30er-Jahren am America's Cup teilgenommen hatte, die eine Etappe der Regatta für sich entschied. Anlass war die Fahrt Jacques Cartiers von Saint-Malo nach Quebec 400 Jahre zuvor. Beim Start der Etappe Bermudas – Halifax wurde die britische Bark MARQUES von einer heftigen Böe auf die Seite gedrückt und sank innerhalb weniger Minuten. Dabei kamen 19 Menschen ums Leben, nur neun konnten gerettet werden. Eine Untersuchungskommission sprach von einer unglücklichen und unvorhersehbaren Verkettung von Ereignissen. Dabei sind plötzliche Böen mit Stärken von 100 – 150 Stundenkilometern in der Region keine Seltenheit ...

1986 fand erneut eine große Transatlantikregatta statt. Die Großsegler versammelten sich aus Anlass des 100. Geburtstages der Freiheitsstatue in New York.

Die Erweiterung der STA

In den 80er-Jahren gründeten sich in mehreren Ländern Unterorganisationen der STA, darunter auch in Deutschland, Portugal und Finnland. Heute werden die Ziele und Ideen der STA weltweit von 15 Verbänden verfolgt. An den Regatten sind jeweils mindestens 50, oftmals sogar bis zu 90 Schiffe beteiligt, die einer dieser Organisationen angehören. Eine Regatta teilt sich in verschiedene Wettfahrten mit unterschiedlichen Start-, aber teilweise denselben Zielhäfen. Einer der Zwischenstopps findet traditionell in Großbritannien statt, die anderen liegen dann in den baltischen Staaten,

in Nordeuropa, in Frankreich oder auf der Iberischen Halbinsel.
Im Mittelmeer sind die Regatten der STA eher selten, weil dort die Segelbedingungen wegen der weniger exakten Windvorhersagen schwieriger sind als auf dem Atlantik und der Nord- und Ostsee. Außerdem sind die meisten Großsegler in den skandinavischen Ländern, England, Deutschland, den Niederlanden oder den ehemaligen Ostblockstaaten an der Ostsee beheimatet und scheuen den weiten Weg ins Mittelmeer.
Schon vor dem Mauerfall in Berlin, aber vor allem in den darauf folgenden Jahren war ein gesteigertes Interesse der osteuropäischen Staaten an den Regatten zu beobachten. Doch auch in vielen anderen Ländern blieb man derweil nicht untätig. 1993 wurde erstmals die magische Grenze von 100 Teilnehmern an einem Cutty Sark Tall Ships' Race überschritten. Schon ein Jahr zuvor hatte man bei der Kolumbus-Regatta von Cadiz über den Atlantik nach New York anlässlich der 500-Jahr-Feier der Entdeckung Amerikas durch Christoph Kolumbus mehr als 100 Segelschiffe gezählt.
Der Hersteller des Whiskys Cutty Sark unterstützt allerdings nur Wettfahrten in europäischen Gewässern, und nur diese dürfen sich Cutty Sark Tall Ships' Race nennen. Natürlich finden auch außerhalb Europas Großseglerregatten statt. 1988 etwa feierte man in Australien die 200 Jahre zurückliegende Ankunft der ersten Einwanderer mit einem Zieldurchgang der Großsegler vor Sydney. Zehn Jahre später wurde eine Wettfahrt von Sydney nach Hobart ausgerichtet. Anlässlich der Rückgabe der britischen Kolonie an China führte 1997 ein Langstrecken-Regattakurs mit rund 30 Großseglern von Hongkong nach Japan.
1995 ging aus der STA, die International Sail Training Association (ISTA) hervor. Als »Mutterorganisation« für die weltweite Großseglerszene regelt sie seit 1966 die Wettfahrtbestimmungen. Die Wertung erfolgt nicht über ein Handicap, sondern die Schiffe werden nach 50 Kriterien beurteilt, die mit der gesegelten Zeit verrechnet werden. Mit dieser Methode, die alle vier Jahre von der ISTA aktualisiert wird, können Großsegler und auch moderne Yachten an den Cutty Sark Tall Ships' Races teilnehmen.

Großseglerregatten heute
Zu den Starts, den Zwischenstopps und den Zieldurchgängen der Großseglerregatten finden sich regelmäßig hunderttausende Schaulustige in den Häfen ein; zu besonderen Ereignissen wie etwa der Kolumbus-Regatta 1992 wurden über eine Million gezählt. Im Hafen von Boston sah man sieben Millionen Besucher und in Liverpool sollen es zweieinhalb Millionen gewesen sein. In Amsterdam kamen 1995 täglich eine Million, um sich die Großsegler im Hafen anzusehen.
Jedes Jahr bewerben sich gut 20 Häfen um die Ausrichtung der Veranstaltungen zu einem Cutty Sark Tall Ships' Race. Die Bewerbungsunterlagen müssen lange Zeit im Voraus eingehen, und die Wahl wird je nach Bedeutung der Wettfahrt drei bis vier Jahre im Voraus getroffen.
Die ISTA erwartet, dass allen Besuchern der freie Zugang zu den Hafenanlagen und den Schiffen gewährt wird. Im Jahr 2000 wurde das neue Jahrtausend mit einer Rundfahrt entlang der Atlantikküsten mit Zwischenstopps in Southampton, Genua, Cadiz, auf den Bermudas, in Boston, Halifax und Amsterdam begrüßt.
Eine weitere Wettfahrt mit vier Etappen in den Ostsee-Anrainerstaaten wurde für die Schiffe organisiert, die nicht auf dem Atlantik segeln wollten. Für 2003 ist der deutsche Hafen Lübeck-Travemünde zum Ziel der Großseglerregatta auserkoren. Starten werden die Großsegler in Gdynia; Etappenziele sind St. Petersburg und Riga. In den Vereinigten Staaten veranstaltet die ISTA alljährlich eine Wettfahrt sowie Großseglertreffen, die abwechselnd auf den Great Lakes oder an den Küsten des Atlantiks oder Pazifiks stattfinden. So wurde im Spätsommer 2002 die ASTA Tall Ships Challenge auf dem Pazifik gesegelt. Start war im kanadischen Richmond, dann ging es über Seattle (Washington), San Francisco und Los Angeles weiter nach Süden bis nach San Diego.

Das norwegische Vollschiff CHRISTIAN RADICH gehört zu den beliebtesten Segelschulschiffen. Es nimmt u. a. für die Dauer eines Schuljahres Gymnasiasten an Bord, während der Ferien aber zahlende Gäste. In dieser Zeit beteiligt sich das Schiff auch an Großseglerregatten (rechte Seite).

Anlässlich der Veranstaltung Brest 2000 empfing die französische Marine am Penfeld-Kai verschiedene Großsegler, unter anderem auch die norwegische Bark STATSRAAD LEHMKUHL (hier im Vordergrund, folgende Doppelseite).

CHRISTIAN RADICH

YEAR 2001
Welcome to visit
THE FJORD CAPITAL
BERGEN
during
CUTTY SARK TALL SHIPS RACE
La fête internationale
de la mer et des marins
STATSRAAD
PRIMAGAZ

Die französische Bark BELEM besucht fast jedes Großseglertreffen. So nahm sie 1999 auch an der Armada du Siècle nach Rouen teil, die mit einer Parade in der Seinemündung endete.

In Europa wird 2002 in Alicante gestartet. Es geht dann weiter über Malaga, durch die Meerenge von Gibraltar auf den Atlantik nach La Coruña im Norden Spanien. Anschließend wird die Biskaya bis Brest durchquert. Es geht wieder zurück nach La Coruña, und schließlich über das spanische Santander zum Zielhafen Portsmouth.

Regatten an Bord von Grosseglern

Für die Teilnahme an einer Regatta der ISTA hat ein Großsegler zwei elementare Auflagen zu erfüllen. Er muss eine Wasserlinienlänge von mindestens 9,14 Meter aufweisen, und nicht weniger als die Hälfte seiner Mannschaft soll aus Kadetten oder Trainees im Alter von 16–25 Jahren bestehen. Für die Wettfahrt erfolgt die Aufteilung der Flotte in folgende Klassen:

Klasse A fasst Schiffe mit mindestens einem rahgetakelten Mast und einer Länge von mehr als 120 Fuß oder 36,60 Metern sowie allgemein Großsegler von mehr als 160 Fuß oder 48,80 Meter Länge zusammen.

In Klasse A2 gruppieren sich rahgetakelte Schiffe von weniger 36,60 Meter Länge sowie andere Segelschiffe zwischen 30,65 und 48,80 Meter Länge.

In Klasse B starten Schiffe zwischen 100 Fuß (30,5 Meter) und 160 Fuß (48,80 Meter), die keinen voll rahgetakelten Mast fahren, wie Toppsegelschoner, Schoner, Ketschen, Yawls, Kutter und Slups.

In den Klassen C1, C2 und C3 segeln schließlich alle Schiffe von 9,14 bis 30,50 Metern, wobei die Klasse C1 Schiffe umfasst, die vor 1939 gebaut sind.

Am Tag des Regattastarts laufen die Segler in einer Parade aus dem Hafen aus. Dabei übernehmen die jeweiligen Profimannschaften das Gros der Arbeiten, denn den Kadetten und Trainees mangelt es an Erfahrung. So manchen der Neuen an Bord überkommt angesichts der Zuschauermenge an Land ein Gefühl des Stolzes, während eines so magischen Augenblicks dabei sein zu können. Später packen auch die Trainees mit an. Es werden Wachen eingeteilt und die Segel gesetzt. Unterdessen segeln fast alle teilnehmenden Schiffe in der Nähe des Starts. Wer wird als Erster über die Linie gehen? Die Offiziere beratschlagen über den Kurs und beobachten die Konkurrenz. Kurz vor dem Startschuss müssen die Maschinen gestoppt werden: Einzig der Betrieb der Generatoren bleibt erlaubt. Die Schiffe kreuzen die Startlinie, und die Wettfahrt beginnt – es geht hinaus in die Ferne!

Nach dem Start ist die Aufgeregtheit schnell vergangen. Eine erste Müdigkeit stellt sich ein. Schließlich muss der in den vorhergehenden Nächten versäumte Schlaf nachgeholt werden – und dann heißt es, sich an den Rhythmus des Bordlebens zu gewöhnen: Auf Wachen folgen Mahlzeiten, Freizeit, Unterricht, Schlaf. Mit jedem Tag auf See wächst das Interesse der Mannschaft für die Schiffspositionen: die eigene und die der anderen, die regelmäßig über Funk durchgegeben werden. Die modernen, kleinen Schiffe gehen bereits durchs Ziel, wenn andere nicht einmal die Hälfte der Strecke zurückgelegt haben, aber schließlich segeln sie auch nicht in derselben Klasse.

Die größte Attraktion ist ohnehin die Cutty Sark Trophy. Sie wird einen Monat später, am Ende der ersten Etappe vergeben, doch die Spekulationen um den möglichen Gewinner beginnen frühzeitig. Während der Wettfahrt werden die aktuellen Positionen der nächsten Konkurrenten aus der eigenen Klasse täglich in einer auf der Brücke oder in der Messe ausgehängten Karte eingezeichnet. Und jeder an Bord beginnt sich für die Taktik und den Wetterbericht zu interessieren und die Chancen der einzelnen Schiffe mit den Kameraden durchzusprechen.

Das Endergebnis ist auch von der Schiffslänge jedes einzelnen Fahrzeugs abhängig. Die gesegelte Zeit ergibt nur einen Anhaltspunkt für die Platzierung, denn wer etwa als Vierter ins Ziel kommt, kann nach Berechnung mehrere Plätze gutmachen oder aber auch verlieren. Während der Regatta werden keine wirklichen Risiken eingegangen. Und wenn der Wind einmal zu schwach weht und Gefahr besteht, dass die Schiffe segelnderweise nicht

Die besondere Attraktion von Großveranstaltungen sind das tägliche Auslaufen der Schiffe, hier von links nach rechts die russische Fregatte SHTANDART, im Hintergrund die KHERSONES, und die englische Brigantine PHOENIX.

rechtzeitig zu den angekündigten Festivitäten im Etappenhafen ankämen, werden die Positionen von unterwegs festgehalten, und die Schiffe beenden den Kurs unter Maschine.

Die Stimmung im Zielhafen ist wegen der Preisverteilung noch aufgeregter als vor dem Start, und die Veranstaltung strebt ihrem Höhepunkt zu. Die gemeinsamen Erlebnisse haben die Mannschaften zusammengeschweißt, das Gemeinschaftsgefühl ist stark. Jeglicher Preis, und sei es der für das langsamste Schiff, löst Jubel aus und ist unbedingt eine Feier wert. Wettkämpfe unter den Mannschaften geben den auf See weniger Erfolgreichen die Gelegenheit der Revanche. Einige Trainees nehmen dann die Möglichkeit wahr, die zweite Etappe auf einem anderen Schiff mitzusegeln. So finden sich auf einem Schiff manchmal Mannschaftsmitglieder von den unterschiedlichsten Seglern ein. Auch die Schiffe der Marine nehmen gerne an diesem »crew change« teil, und so kommt es schon einmal vor, dass – wie auf der kolumbianischen Bark GLORIA – Mitglieder von mehr als zehn Mannschaften zusammensegeln.

DIE GROSSSEGLERTREFFEN

Während der Großseglerregatten finden viele interessante Begegnungen statt. Aber dem Publikum bieten sich auch andere Gelegenheiten, die großen Segelschiffe in Augenschein zu nehmen – etwa die Treffen ohne jeglichen sportlichen Anlass. Die ersten und zunächst größten Veranstaltungen dieser Art fanden in den 80er-Jahren anlässlich der Zwischenstopps der Großseglerregatten statt. Zwar werden diese seit 1956 regelmäßig veranstaltet, doch erst seit der Operation Sail 1964 kommt das Publikum wirklich in Scharen.

Millionen von Zuschauern

Von Jahr zu Jahr können sich die Großsegler eines wachsenden Publikums erfreuen. Die Treffen haben sich längst über den lokalen Charakter hinaus zu Veranstaltungen von regionaler und nationaler Bedeutung entwickelt. So zählte das Treffen im Jah-

Штандартъ
Санктъ-Петербургъ

re 2000 in New York vier Millionen Besucher. Die europäischen Veranstaltungen in Großbritannien, den Niederlanden, Skandinavien, Deutschland oder auf der Iberischen Halbinsel werden von einer regionalen wie nationalen Berichterstattung in den Medien begleitet. Außerdem sind regelmäßig Journalisten aus der ganzen Welt präsent.

In Deutschland wollen immer mehr Menschen einen Hauch von Seefahrt live mitbekommen und strömen zu den Großseglertreffen. Hunderttausende fahren jeden August zur Hansesail nach Rostock; Anfang Mai jeden Jahres können Großsegler auf dem Hafengeburtstag in Hamburg besucht werden, und im Juni finden sich viele Großsegler zur Kieler Woche ein. Alle fünf Jahre findet die Sail Bremerhaven statt, die nächste ist für das Jahr 2005 geplant.

Bei den Großseglertreffen geht es nicht allein um Nähe zu Schiffen und einen historischen Zugang. Es geht auch um die Vermittlung menschlicher Werte – besonders Jugendliche auf den Cutty Sark Tall Ships' Races können davon profitieren: Damit das Leben und Arbeiten auf dem begrenzten Raum an Bord funktioniert, muss man Rücksicht nehmen. An Bord lernen sich Menschen aufgrund der Enge ganz anders kennen. Die meisten Mitsegler haben an Bord Erfahrungen gemacht, die sie viele Vorurteile vergessen ließen und die es ihnen später auch an Land ermöglichten, unvoreingenommener auf Menschen zuzugehen.

Das Interesse der Eigner und Reeder

Die zivilen Eigner und Reeder verfolgen mit den Großseglertreffen vorwiegend kommerzielle Interessen, während die Marine die Möglichkeit nutzt, für das eigene Land zu werben. In einigen Fällen chartert die ISTA ein Schiff von einem privaten Eigner, einer Stiftung oder von einem Verein, um es auf einem bestimmten Treffen der Öffentlichkeit vorstellen zu können oder wiederum für Privatveranstaltungen zu vermieten. Chartereinnahmen sind für die Instandhaltung des Schiffes und die Aufrechterhaltung des Schiffsbetriebes unabdingbar. Die Segelschiffe der Marine übernehmen die Funktion der Botschafter ihres Landes und pflegen das Image ihrer Nation mit Empfängen für Politiker, Repräsentanten der Wirtschaft und andere Prominenz. Außerdem werden die Marineschiffe von den Regierungen ihres Landes für Staatsempfänge genutzt. Bei den Mannschaften sind die Großseglertreffen nicht uneingeschränkt beliebt, denn plötzlich werden Deck und Teile des Interieurs von den Besuchermassen »überrannt«, und das Leben an Bord verliert seine Ruhe und oft auch seine Intimität. Da die Hafenanlagen oftmals weit von den Stadtzentren entfernt liegen, fallen auch die Aktivitäten im Hafen nicht für alle Beteiligten befriedigend aus. Außerdem schlendern im Hafen die Massen über die Kais, während für die Seeleute kaum ein Durchkommen ist. Und so freuen sich die Mannschaften denn meist schon darauf, abzulegen und wieder in See zu stechen.

Die Anziehungskraft der Großsegler

Das Publikum wünscht sich Großsegler an den Kais, denn diese Schiffe verströmen noch immer den Duft von Abenteuer und weiter Welt. Eine besondere Bewunderung erfahren die Matrosen und ihre Arbeit, weil sie mit Leichtigkeit in die Masten gehen und sich dort oben zurechtfinden. Natürlich fehlt den Großseglertreffen jene Authentizität der Reede von Valparaiso oder San Francisco in der Zeit des Goldrausches, aber die von den Besuchern dennoch empfundene Magie gilt es zu pflegen. Und gerade die Erfahrungen von den letzten Großveranstaltungen veranschaulichen ein überraschendes soziales Phänomen: Von morgens bis abends wälzt sich die Menge am Kai entlang, um die untätig daliegenden Segelschiffe zu bewundern. Der Zauber, der Reiz beruht auf Gegenseitigkeit, denn auf den Schiffen segeln junge Leute aus der Ukraine, aus Mexiko oder Argentinien, die mit kindlicher Neugier fremdes Leben und andere Kulturen wahrnehmen und mit einer neuen Weltsicht nach Hause zurückkehren. Die Besucher dagegen kommen zum Träumen und nehmen Anteil an den Fahrten durch die Weltmeere und an dem Leben auf See, das so sehr in der Tradition verankert ist.

Nie war der Menschenandrang so groß wie beim Großseglertreffen 1999 in Rouen. Im Vordergrund ist das polnische Vollschiff DAR MLODZIEZY zu sehen, das anlässlich der Armada du Siècle am Kai festmachte (rechte Seite).

Die Seglertreffen, die alle fünf Jahre in Amsterdam stattfinden, zählen zu den beliebtesten in der ganzen Welt. Die BATAVIA, eine Replik eines im 17. Jahrhundert gebauten Schiffes der Verenigden Oost-Indischen Compagnie, empfängt dann die unterschiedlichsten Besucher ... (folgende Doppelseite).

ANHANG

Mit dieser Tafel wird an Bord der KRUZENSHTERN auf den Fluchtweg zu den Rettungsbooten hingewiesen.

Bark

Zweimast-
Toppsegelschoner

Brigg

Vollschiff

Schonerbrigg oder Brigantine

Dreimast-
Toppsegelschoner

Schonerbark oder Barkentine

Viermast-Bark

Schifffahrtsmuseen und Museumsschiffe

Heute sind einige Zeugen dieser außergewöhnlichen Vergangenheit kostbar restauriert und der Öffentlichkeit zugänglich. Bestgepflegte Schiffe und zahlreiche Museen mit reichhaltigen Archiven und umfangreichen Sammlungen erlauben uns heute, das Leben an Bord der letzten Großsegler nachzuempfinden.

Das in dieser Hinsicht weltweit bedeutendste Museum ist zweifellos das Mystic Seaport Museum in Mystic im Bundesstaat Connecticut in den USA. Dort werden für die Seefahrtsgeschichte charakteristische Schiffe wie die Charles W. Morgan, der letzte erhaltene amerikanische Walfänger des 19. Jahrhunderts, die Joseph Conrad, ein ehemaliges Segelschulschiff aus Dänemark oder der 1921 gebaute amerikanische Neufundlandschoner L. A. Dunton gezeigt. Nebst weiteren noch schwimmenden oder gar segelnden Schiffen birgt das wundervolle amerikanische Museum eine herrliche Sammlung von Galionsfiguren und anderen maritimen Liebhaberstücken, darunter allein 1400 Elfenbeinschnitzereien, die auch unter der Bezeichnung »scrimshaws« bekannt sind. Darüber hinaus werden im Hause über eine Million Fotodokumente sowie ein Archiv mit 65 000 Quellen und mehr als 700 000 handschriftliche Manuskripte verwahrt. Im Jahre 1929 zur Pflege der in Auflösung begriffenen Schifffahrtstradition gegründet, ist das heutige Mystic Seaport Museum eine ambitionierte Einrichtung mit jährlich über 450 000 Besuchern, die sich an der Atmosphäre eines Hafens des ausgehenden 19. Jahrhunderts bzw. des frühen 20. Jahrhunderts erfreuen. Zahlreiche historische Berufe werden dort Dank ehrenamtlichen Engagements vorgestellt: Dort hat der Besucher die Gelegenheit, dem klassischen Matrosen an Bord eines Großseglers, aber

Der Walfänger Charles W. Morgan kann im Mystic Seaport Museum in Connecticut besichtigt werden.

Das Vollschiff JOSEPH CONRAD ist im Jahre 1882 als GEORG STAGE vom Stapel gelaufen. Das einst dänische Schulschiff gehörte in den 30er-Jahren dem australischen Schriftsteller Alan Villiers. Heute liegt es als Museumsschiff im Mystic Seaport Museum in Connecticut, USA.

auch dem Schmied, dem Takler, dem Schiffszimmermann, dem Böttcher und dem Kabeljautrockner bei seiner traditionellen Arbeit zuzusehen. Auch die überlieferte Musik soll nicht in Vergessenheit geraten: Die Shantys unserer Vorfahren werden in Mystic nicht nur in den Archiven bewahrt, sondern auch in den Hafenanlagen dargeboten – auch anlässlich von Segelparaden und Manöver-Vorführungen. Außerdem finden regelmäßig Chorkonzerte statt.
Eine andere wichtige Einrichtung ist das Schifffahrtsmuseum in Portsmouth, England, wo unter anderem die restaurierte MARY ROSE, ein 1545 im Solent gesunkenes und 1982 gehobenes Kriegsschiff von Heinrich VIII., sowie die VICTORY, einst Flaggschiff von Nelson, auf welchem dieser während der Schlacht bei Trafalgar den Tod fand, zu sehen sind. Außerdem ist vor Ort das Kriegsschiff WARRIOR zu besichtigen, das zu Zeiten seines Stapellaufs im Jahre 1861 ob seiner vergleichsweise revolutionären Konzeption im 19. Jahrhundert von sich reden machte. Das Seefahrtsmuseum Portsmouth ist außerdem für sein Archiv und seine Sammlung berühmt.
Auch Greenwich, ebenfalls in England, zählt zu den Zentren in Sachen Seefahrtshistorie. Bereits seit einigen hundert Jahren werden dort Schiffe aus mehreren Jahrhunderten ausgestellt. Das berühmteste Exponat ist sicherlich der letzte noch erhaltene Klipper CUTTY SARK, jener Großsegler, dessen Schicksal so eng mit der angelsächsischen Seefahrtsgeschichte und dem britischen Empire verknüpft ist.
Die Verbundenheit zur Geschichte führte 1970 auch zur Bergung der vor den Falkland-Inseln gesunkenen GREAT BRITAIN. Jenes erste Passagierschiff mit Dampfmaschine und Hilfsbesegelung entstammte den Ideen des Isambard Kingdom Brunel und konnte 1843 vom Stapel laufen. Heute ist es trotz seiner diversen Schicksalsschläge als ein Meilenstein in der

Entwicklungsgeschichte vom Großsegler zum Dampfer anzusehen. Nach seiner Restaurierung in Bristol wurde das Schiff vor einigen Jahren dort wieder zur Besichtigung freigegeben.

Schließlich wäre noch die Einrichtung im australischen Warrnambool in der Nähe von Melbourne zu nennen, die gewisse Ähnlichkeiten mit dem Mystic Seaport Museum aufweist, jedoch viel kleiner ist.

In der ganzen Welt, vornehmlich aber in Europa und Nordamerika, hat man sich um den Erhalt von unzähligen alten Großseglern gekümmert. Es würde zu weit führen, sie alle zu nennen, doch bereits die folgende Liste ist ein Indiz für das große Interesse, das der historischen Schifffahrt entgegengebracht wird:

– In Portugal restaurierte man die portugiesische Fregatte Don Fernando II e Gloria, die 1843 in Daman, Indien, vom Stapel gelaufen ist;

– in Schweden waren es der Viermaster Viking, die Af Chapman, die Najaden und die Jarramas

– die Unicorn, Discovery, Glenlee und Kathleen & May und die 1817 gebaute Trincomalee, für deren Instandsetzung rund zehn Jahre ins Land gingen, stehen für die britischen Aktivitäten;

– für Deutschland wären die Rickmer Rickmers, die Seute Deern I, das Schulschiff Deutschland sowie die Passat zu nennen;

– für die USA stehen die Constellation und die Constitution, zwei Fregatten aus dem 18. Jahrhundert, aber auch die Peking, Balclutha, Wavertree, Falls of Clyde, Star of India und Elissa;

– in Japan restaurierte man das Vollschiff Meiji Maru, die Schwesternschiffe Kaiwo Maru I und Nippon Maru I;

– für Finnland die Pommern;

– für Norwegen steht die Fram;

– ein polnisches Projekt heißt Dar Pomorza;

– in Frankreich wurde die Duchesse Anne wieder belebt;

– in Australien galt das Interesse der Polly Woodside;

Die Cutty Sark war einer der brillantesten Klipper und ist bis heute der berühmteste. Für Fahrten im Teehandel gebaut und 1869 im Eröffnungsjahr des Sueskanals vom Stapel gelaufen, endete seine Karriere unter portugiesischer Flagge. Seit 1957 ist er in Greenwich mitsamt seiner Galionsfiguren-Sammlung zur Besichtigung freigegeben.

Dieses Segel hat fast die Funktion einer Reliquie. Es stammt von der VICTORY und war so Zeuge der Schlacht bei Trafalgar von 1805, bei der Nelson an Bord getötet wurde. Der Anblick vermittelt eine Vorstellung von der Brutalität jener Auseinandersetzung.

– und last but not least ist ein ehemaliger französischer Großsegler, die LAENNEC zu nennen, der heute als SUOMEN JOUTSEN unter finnischer Flagge fährt. Eine eindeutige Sonderstellung innerhalb dieser Aufzählung nimmt die schwedische WASA ein, die einst als das große Los der Flotte von König Gustav Adolf II. im Krieg gegen Polen konzipiert war. 1628 in Stockholm vom Stapel gelaufen, sollten im Hafen der schwedischen Hauptstadt gerade die Segel gehisst werden, als mehrere Böen das Schiff derart krängten, dass Wasser durch die geöffneten Stückpforten eindringen konnte. Die WASA sank innerhalb kürzester Zeit. Um 1956 wurde das Wrack wieder entdeckt und 1961 in einem erstaunlich gut erhaltenem Zustand geborgen. Heute liegt die restaurierte WASA in Stockholm und ist als einzigartige Zeugin der Kriegsschiff-Baukunst des 17. Jahrhunderts für die Öffentlichkeit zugänglich.

Neben den Museen und Sammlungen gab es eine Reihe von Personen, die sich aus ganz unterschiedlichen Gründen in das Abenteuer einer Schiffsrestaurierung stürzte. Der niederländische Schiffbaumeister Willem Vos beispielsweise brachte rund zehn Jahre mit der Rekonstruktion eines Schiffes der Verenigden Oost-Indischen Compagnie (V.O.C.) zu. Die BATAVIA hatte im Jahre 1629 vor der australischen Küste Schiffbruch erlitten und wurde in den 60er-Jahren des vorigen Jahrhunderts wieder entdeckt. Mit ihr konnte eine bedeutende Lücke im geschichtlichen Bewusstsein geschlossen werden, präsentierte das Schiff doch wichtige Einzelheiten zum Verständnis des Lebens an Bord von Handelsschiffen der damaligen Epoche.

Nicht zu vergessen: Im Deutschen Schifffahrtsmuseum wird der konservierte Rumpf der 1962 entdeckten Bremer Hanse-Kogge von 1380 gezeigt.

Museen als Orte der Erinnerung und des Andenkens vereinigen reichhaltige Kenntnisse, die eine gute Grundlage für die Auseinandersetzung mit der vielfältigen Welt der Seefahrt bilden.

WINDJAMMER IN FAHRT

Am Ende des letzten Jahrhunderts segeln einige hundert Großsegler auf den Meeren dieser Welt. Darunter befinden sich – wir zählen hier nur Schiffe über 30 Meter Länge auf – über 150 Schiffe aus der Gruppe der Schoner (z. B. Gaffelschoner, Toppsegelschoner, Stagsegelschoner), darunter zwei mit fünf Masten, neun mit vier Masten, 80 mit drei Masten. 29 Barkentinen, 24 Barken, 20 Vollschiffe, gut zehn Briggs. drei Viermastbarkentinen, fünf Viermastbarken und ein Fünfmast-Vollschiff. 22 dieser Schiffe sind mehr als 100 Meter lang, annähernd 370 zwischen 30 und 100 Metern. Etwa 40 sind über 100 Jahre alt und fast 90 sind jünger als 20 Jahre. Darüber hinaus sind 20 Neubauten projektiert oder schon im Bau, in erster Linie in europäischen Ländern, aber auch in Nordmerika, Australien, Neuseeland und der Karibik.

Großsegler findet man auf allen Meeren der Welt sie tragen Flaggen von gut 50 Nationen. Die nachstehende Auflistung ordnet die Großsegler jenen Ländern zu, unter deren Flagge sie fahren. Viele Eigner haben die Schiffe aus steuerlichen Gründen ausgeflaggt, und die Flagge, unter der sie segeln, sagt nicht immer unbedingt etwas über ihre wahre Herkunft aus. So sind etwa die CONCORDIA oder die PICTON CASTLE in Wahrheit kanadische Segler und die PEACE oder SEA CLOUD I und II deutsche. Man müsste dieser Seite noch jene Schiffe hinzufügen, die nicht mehr fahren und in vielen Häfen als Museumsschiffe dienen, so die RICKMER RICKMERS in Hamburg, die PASSAT in Travemünde, die POMMERN in Mariehamn oder die PEKING in New York.

EUROPA

Belgien: 1 Segelschiff, ZENOBE GRAMME.
Bulgarien: 1 Segelschiff, KALIAKRA.
Dänemark: 10 Segelschiffe, darunter DANMARK, DEN STORE BJØRN, GEORG STAGE II.
Deutschland: 30 Segelschiffe, darunter ALBATROS, ALEXANDER VON HUMBOLDT, AMPHITRITE, ANNY, FRIDTJOF NANSEN, GORCH FOCK II, GREIF, GROßHERZOGIN ELISABETH, JOHANN SMIDT, LILI MARLEEN, MARY-ANNE, ROALD AMUNDSEN, SEUTE DEERN II, THOR HEYERDAHL.
Finnland: 6 Segelschiffe, darunter ALBANUS, HELENA, LINDEN.
Frankreich: 25 Segelschiffe, darunter BEL ESPOIR II, BELEM, FLEUR DE LAMPAUL, LA BELLE POULE, L'ETOILE, L'ETOILE MOLÈNE, LE PONANT, LA RECOUVRANCE, LE RENARD, MUTIN, NOTRE-DAME DES FLOTS, RARA AVIS.
Großbritannien: 60 Segelschiffe, darunter ADIX, EARL OF PEMBROKE, EYE OF THE WIND, GOLDEN HINDE, JEAN DE LA LUNE, KASKELOT, LORD NELSON, PHOENIX, ROYALIST, SIR WINSTON CHURCHILL, SØREN LARSEN, STAVROS S. NIARCHOS, TENACIOUS, YANKEE CLIPPER, ZEBU.
Irland: 1 Segelschiff, ASGARD II.
Italien: 10 Segelschiffe, darunter AMERIGO VESPUCCI, PALINURO.
Luxemburg: 3 Segelschiffe, STAR CLIPPER, STAR FLYER, ROYAL CLIPPER.
Malta: 6 Segelschiffe, darunter einige, die ursprünglich aus Deutschland stammen, wie ATLANTIS, SEA CLOUD I UND II.
Niederlande: 100 Segelschiffe (und weitere 300 Traditionssegler), darunter APHRODITE, ASTRID, EENDRACHT II, EUROPA, JACOB MEINDERT, JANTJE, OOSTERSCHELDE, STAD AMSTERDAM, STEDEMAEGHT, SWAN FAN MAKKUM, THALASSA, URANIA, WILLEM BARENTSZ.
Norwegen: 10 Segelschiffe, darunter CHRISTIAN RADICH, SØRLANDET, STATSRAAD LEHMKUHL, SVANEN.
Polen: 7 Segelschiffe, DAR MLODZIEZY, FRYDERYK CHOPIN, ISKRA II, GENERAL ZARUSKI, POGORIA, KAPITAN GZOWACKI (ex HENRYK RUTKOWSKI), ZAWISZA CZARNY II.
Portugal: 3 Segelschiffe, darunter CREOULA, SAGRES II.
Rumänien: 1 Segelschiff, MIRCEA.
Russland: weniger als 10 Segelschiffe, dafür weltweit mit die größten, darunter KRUZENSHTERN, MIR, NADESHDA, PALLADA, SEDOV.
Schweden: 25 Segelschiffe, darunter AMORINA, BLÅ MARITE AF PRIPPS, BLUE CLIPPER, FALKEN, GLADAN, GUNILLA, INGO, LADY ELLEN, VIDA OF ANGLIAN WATER, WESTKUST.
Spanien: 6 Segelschiffe, darunter JUAN SEBASTIAN DE ELCANO.
Ukraine: 3 Segelschiffe, DRUZHBA, KHERSONES, TOWARISCHTSCH.

NORD-, MITTEL- UND SÜDAMERIKA

Argentinien: 1 Segelschiff, LIBERTAD.
Bahamas: 6 Segelschiffe, darunter CONCORDIA, WIND STAR.
Chile: 1 Segelschiff, ESMERALDA.
Ecuador: 1 Segelschiff, GUAYAS.
Honduras: 6 Segelschiffe, darunter FLYING CLOUD, SIR FRANCIS DRAKE.
Kanada: 20 Segelschiffe, darunter BARBA NEGRA, BLUENOSE II, FAIR JEANNE, ORIOLE, PACIFIC SWIFT, PATHFINDER.
Kolumbien: 1 Segelschiff, GLORIA.
Mexiko: 1 Segelschiff, CUAUHTÉMOC.
St. Vincent und die Grenadinen: 1 Segelschiff, PEACE.
Uruguay: 1 Segelschiff, CAPITAN MIRINDA.
USA: 100 Segelschiffe, darunter AMISTAD, BILL OF RIGHTS, BLACK PEARL, BOUNTY II, CALIFORNIAN, CORWITH CRAMER, EAGLE, ERNESTINA, GAZELA OF PHILADELPHIA, GRACE BAILEY, KALMAR NYCKEL, LADY WASHINGTON, MERCANTILE, NIAGARA, PRIDE OF BALTIMORE II, REGINA MARIS, ROSE, STEPHAN TABER, VICTORY CHIMES, WESTWARD, WINDY.
Venezuela: 1 Segelschiff, SIMON BOLIVAR.

OZEANIEN

Australien: 12 Segelschiffe, darunter BOUNTY III, ENDEAVOUR, LEEUWIN II, ONE AND ALL, OUR SVANEN, YOUNG ENDEAVOUR.
Cook-Inseln: 1 Segelschiff, PICTON CASTLE.
Neuseeland: 2 Segelschiffe, SPIRIT OF NEW ZEALAND, SPIRIT OF ADVENTURE.
Vanuatu: 2 Segelschiffe, ALVEI, LA VIOLANTE.

ASIEN

Indien: 2 Segelschiffe, TARANGINI, VARUNA.
Indonesien: 2 Segelschiffe, KRI ARUNG SAMUDERA, DEWARUTJI.
Japan: 10 Segelschiffe, darunter AKOGARE, KAISEI, KAIWO MARU II, NIPPON MARU II.
MALAYSIA: 1 Segelschiff, TUNAS SAMUDERA.
Oman: 1 Segelschiff, SHABAB OMAN.

AFRIKA

Äquatorialguinea: 1 Segelschiff, LEGACY.

GLOSSAR

Abdrift, Abtrift: durch den Wind verursachtes seitliches Abtreiben eines Bootes nach Lee. Die Stärke der Abdrift hängt von der Stärke des Windes ab sowie von der angreifbaren Fläche des Überwasserschiffes und des Lateralplanes (seitliche Projektion des Unterwasserschiffes). Die Abdrift muss in der Navigation berücksichtigt werden.

Abfallen: Kursänderung eines Schiffes unter Segeln nach Lee, sodass der Wind weiter von hinten in die Segel fällt. Die Segel müssen dann weiter gefiert, d. h. aufgemacht werden.

Achtern: hinten. Das Achterschiff ist der hintere Teil eines Schiffes, achteraus ist die Richtung nach hinten über das Heck hinaus (z. B. eine Boje befindet sich achteraus), achterlich bedeutet die Richtung von hinten (z. B. achterliche Winde).

Anluven: Kursänderung eines Schiffes unter Segeln zum Wind hin, wobei der Wind dann vorlicher einfällt. Die Schoten müssen dichtgeholt werden.

Aufgeien: loses Aufraffen von Rahsegeln. Durch Geitaue und Gordinge wird das Tuch nach oben an die Rah geholt, um es danach festzumachen.

Aufriggen, auftakeln: das Rigg mit allen Teilen der Takelage aufstellen und betriebsklar herrichten.

Aufschießen: 1. Das Tauwerk ordentlich (klar) mit einer bestimmten Technik in Ringen (Buchten) zusammenlegen. – 2. Mit dem Schiff in den Wind segeln, sodass es zum Stehen kommt. Die Segeln flattern (killen) währen des Aufschießens.

Auftakeln: das Stellen oder Setzen von Masten, Anbringen von Stengen, Rahen, Bäumen, Wanten, Stagen usw. Durch das Auftakeln oder Aufriggen wird ein Schiff grundsätzlich segelklar gemacht.

Auftuchen: ein Segel nach dem Bergen zusammenlegen, sodass es bestmöglich von Wind und Regen geschützt wird. Je nach Segel (z. B. Gaffelsegel, Rahsegel, Klüver oder Toppsegel) gibt es unterschiedliche Techniken des Auftuchens.

Backbord: die linke Seite eines Schiffes, wenn man von hinten nach vorne blickt.

Bark: ein Großsegler mit drei Masten, von denen die beiden vorderen (Fock- und Großmast) rahgetakelt sind und der hintere Besanmast ein Schratsegel fährt.

Baum: horizontal am Mast angelenktes Rundholz, an dem das Unterliek eines Segels befestigt ist.

Beidrehen: Verlangsamen der Fahrt durch Backbrassen oder Bergen der Segel.

Beleg- oder Coffeynagel: ein senkrechter, oben oft profilierter Pflock aus Holz oder Metall, der in einer Nagelbank steckt. Er wird auf Großseglern zum Befestigen von Fallen, Schoten, Bullenstander usw. eingesetzt.

Belegen: eine Leine auf eine bestimmte Art und Weise an einem Belegnagel, einer Klampe oder einem Poller festmachen.

Besansegel: Segel des Besanmastes sowie letztes Schratsegel auf allen mehr als zweimastigen Schiffen.

Beschlag: Sammelbezeichnung für Bauelemente aller Art, durch die die Takelage in sich und mit dem Schiffskörper verbunden ist.

Bootsmann: bei der Arbeitseinteilung an Bord eines größeren Bootes die Person der Besatzung, die für die seemännische Ausrüstung und das Instandsetzen verantwortlich ist.

Brasse: Taue und Drähte, mit denen die Stellung der Rahen zur Schiffslängsachse verändert wird. Eine Brasse ist am äußersten Ende einer Rah befestigt. Auf einem Schiff wird gebrasst, um die Segelstellung der Windrichtung optimal anzupassen.

Brigantine: zweimastiger Großsegler, der am Fockmast (vorne) nur Rahsegel, am Großmast (hinten) nur Schratsegel fährt.

Brigg: zweimastiger Großsegler, dessen Masten beide rahgetakelt sind.

Bugspriet: den Vordersteven verlängerndes Rundholz, an welchem die Stagen des vorderen Mastes verankert sind, an denen wiederum die Vorsegel gesetzt werden.

Deckshaus/Doghouse: ein auf Deck stehender Aufbau, der nicht von einer Seite zur anderen reicht. Es ist heutzutage meist nicht in sich abgeschlossen, sondern ermöglicht einen Zugang zu verschiedenen Stau- und Aufenthaltsräumen im Schiffsrumpf.

Dichtholen: eine Schot zum Segel durchholen oder steifziehen.

Durchsetzen: steifziehen. Man setzt zum Beispiel Fallen durch, damit die Segel an ihrem vorderen Ende (Vorliek) glattgezogen sind und sie keine Falten mehr aufweisen. Auf Großseglern werden Fallen meist mit mehreren Personen durchgesetzt. Für das Durchsetzen von Wanten werden auf Großseglern z. B. Taljen (Jungfern) benutzt.

Fall: Tau oder Draht, um ein Segel zu setzen (hochzuholen).

Fieren: lose geben von Leinen, Drähten und Ketten, die unter Zug stehen (Schoten, Fallen usw.) Oder das Herunterlassen eines Gegenstandes mittels Tau oder Drahtseil.

Gaffel: oberes Rundholz (Spiere) eines Gaffelsegels. Das mit dem Mast verbundene vordere Ende nennt man wegen seiner Gabelform Gaffelklau.

Gaffelsegel: ein viereckiges Segel in Längsrichtung des Schiffes zwischen zwei Rundhölzern. Zum Setzen wird die obere Gaffel hochgezogen, wobei das Segel vorne am Mast durch die Gaffelklau am Mast entlang geführt wird, hinten wird es mit dem sog. Piekfall frei gesetzt.

Geitau: Taue oder Drähte, mit

denen man die beiden unteren Ecken eines Rahsegels zur Rah hochholt.

Gording: laufende Taue oder Drähte, mit denen man von Deck aus ein Rahsegel lose hochholt, bevor es von den Leuten auf der Rah aufgetucht und festgebunden wird.

Halsen: das Schiff dreht mit dem Heck durch den Wind und wechselt die Windseite.

Heißen, hissen: das Hochziehen eines Segels oder einer Flagge.

Hoch am Wind: die äußerste Lage, in der ein mit dem Wind schräg von vorn segelndes Schiff noch Fahrt voraus macht.

Jungfer: dreifach gelochte, am Rand gekehlte Scheibe. Zwei Jungfern übereinander mit geschorenem Tau (Reep) ergeben eine Talje. Sie dienen bei Großseglern als Wantenspanner.

Kabel: nautisches Längenmaß von 185,2 Meter oder 1/10-Seemeile.

Kadett: ein in der Ausbildung befindlicher Seemann an Bord eines Schulschiffes der Handels- oder Kriegsmarine.

Klipper: ein auf Geschwindigkeit ausgelegtes Handelsschiff aus der zweiten Hälfte des 19. Jahrhunderts mit rassigen, schlanken Linien und großer Segelfläche. Ein berühmter Klipper war die CUTTY SARK, die jetzt im Museumsdock in Greenwich bei London liegt.

Landmarke: von See aus ein gut sichtbarer und unverwechselbarer Punkt an der Küste, wie zum Beispiel eine Bake, ein Kirchturm, ein Hügel. Landmarken sind in der Navigation zur Schiffsortbestimmung wichtig.

Laufendes Gut: alles Tauwerk, das zum Setzen, Bedienen und Bergen der Segel dient sowie für andere Teile der Takelage, z. B. zum Bewegen der Rahen, Gaffeln und anderen Spieren. Dazu gehören u. a. Fallen, Schoten, Flaggleinen, Niederholer, Dirken. Das laufende Gut läuft über Blöcke, Scheiben oder Rollen.

Lee: die dem Wind abgewandte Seite.

Liek: durch ein Tau verstärkte Kante eines Segels, die um das ganze Tuch herumführt. Lieken werden unterschiedlich benannt: z. B. Achterliek (hintere Kante), Vorliek (vordere Kante), Unterliek (untere Kante).

Luv: die dem Wind zugewandte Seite.

Niederholer: Tau oder Draht, um ein gesetztes Segel wieder herunterzuholen.

Rah: nach außen sich verjüngendes Rundholz oder -eisen, das quer und waagerecht vor einem Mast oder einer Stenge hängt und dort mittig befestigt ist.

Rahsegel: rechteckiges Segel, das an einer Rah befestigt ist. Wenn Rahsegel gesetzt werden, werden sie weitgehend wie eine Gardine an ihren äußeren Ecken bis auf die darunter liegende Rah heruntergezogen.

Reff, reffen: die Segelfläche verkleinern.

Schoner: ein Segler mit Schratsegeln und zwei oder mehreren Masten. Sie werden nach ihrer Art von Takelage benannt, z. B. Dreimastschoner, Gaffelschoner. Auf Schonern ist der vordere Mast kürzer oder gleichlang.

Schot: eine Leine, meist durch Blöcke zu einer Talje geschoren, um eine seitliche Bewegung des jeweiligen Segels zu steuern. Je nach Segel werden Schoten entsprechend benannt: z. B. Großschot, Besanschot, Klüverschot.

Schratsegel: ein Segel, das längsschiffs steht und (weitgehend) senkrecht gesetzt wird.

Seemeile: nautisches Längenmaß, 1 Seemeile entspricht 1852 Metern.

Spiere: alle Rundhölzer an Bord (die auch aus Materialien wie Kunststoff, Aluminium oder Eisen sein können) wie etwa Bäume oder Rahen, mit Ausnahme von Masten und Stengen.

Spill: eine Winde an Deck, zum Beispiel das Ankerspill.

Stag: starker Draht, der einem Mast oder einer Stenge in Schiffslängsrichtung Halt gibt.

Stehendes Gut: alles an Tauwerk und Draht, das zum Stützen der Masten und Stengen dient und bei Segelmanövern nicht bewegt wird. Dazu gehören z. B. Wanten, Stagen, Pardunen.

Stenge: Verlängerung des Mastes (Untermastes) nach oben.

Steuerbord: die rechte Seite des Schiffes, wenn man von hinten nach vorne blickt.

Stückpforte: Öffnungsklappe in der Bordwand, aus der während einer Seeschlacht die Geschütze feuerten. Während des Segelns wurden diese Pforten mit nach außen öffnenden Deckeln verschlossen.

Takelage: Sammelbegriff für das stehende und laufende Gut sowie für alle Masten, Stengen, Spieren und Segel eines Segelschiffes, die für die Ausnutzung der Windenergie notwendig sind.

Talje: Flaschenzug aus zwei ein- oder mehrscheibigen Blöcken, der als kräftesparendes Arbeitsgerät eingesetzt wird.

Trainee: Personen, die auf Großseglern lernen. Sie gehören nicht mit zur Crew, sondern sind meist zahlende Gäste, die aktiv am Bordleben teilnehmen und dafür angeleitet werden.

Vollschiff: Großsegler mit drei Masten, die alle rahgetakelt sind.

Want: starker Draht zur seitlichen Abstützung des Mastes. Bei Großseglern sind diese oft mit sehr dünnem Tauwerk (Hüsing) umwickelt (bekleedet) und mit horizontalem Tauwerk (Webeleinen) miteinander zu einer »Strickleiter« verbunden.

Wende, wenden: das Schiff dreht mit dem Bug durch den Wind und hat den Wind dann von der anderen Seite.

Zeising: kurzes Tau, mit dem ein Segel festgemacht, das heißt aufgetucht und zusammengeschnürt (-gebändselt) wird.

Beken of Cowes: *Segelschiffe der Welt.* Hamburg 1999.

Beylen, Jules Ludovicus van: *Zeilvaart lexicon: maritim woordenboek.* Weesp 1985.

Bonneau, Pierre-François (u. a.): *Des Voiliers & des hommes.* Grenoble1996.

Braynard, Frank O.: *The Tall Ships of Today in Photographs.* New York 1993.

Chapelle, Howard Irving: *The Baltimore Clipper. Its Origin and Development.* Salem 1930.

Dana, Richard Henry: *Zwei Jahre vor'm Mast. Ein authentischer Bericht über das Leben an Bord.* Hamburg 1981.

Domizlaff, Hans: *Das große Buch der Passat.* Hamburg 1998.

Eckhardt, Gerhard: *Die Segelschiffe des Deutschen Schulschiff-Vereins. Eine Dokumentation.* Bremen 1981.

Eastland, Jonathan: *The Romance of Tall Ships.* London 1990.

Falconer, John: *Seefahrt unter Dampf und Segeln. Ein Jahrhundert maritime Photographie.* Hamburg 1996.

Gerdau, Kurt: *Passat. Legende eines Windjammers.* Herford 1991.

Giorgetti, Franco: *Die Welt der Windjammer.* Bielefeld 2001.

Greenhill, Basil & Hackmann, John: *Herzogin Cecilie. Lebensgeschichte einer Viermastbark.* Hamburg 1993.

Greenhill, Basil & Hackmann, John: *The Grain Races. The Baltic background.* London 1986.

Haws, Duncan: *Schiffe und Meer. Chronik der Seefahrt.* Bielefeld 2000.

Jobé, Joseph (Hrsg.): *Der Segelschiffe große Zeit.* Bielefeld 1998.

Kåre, Georg: *The Last Tall Ships. Gustaf Erikson and the Åland Sailing Fleets 1872–1947.* Greenwich 1978.

Klingbeil, Peter: *Flying P-Liner. Die Segelschiffe der Reederei F. Laeisz.* Hamburg 1998.

Kludas, Monika: *Mitsegeln auf Sail-Training-Schiffen.* Bremerhaven 1996.

Koza, Thaddeus: *Tall Ships, the Fleet for the 21st Century.* East Hartford 2000.

Lubbock, Basil: *The Last of the Windjammers.* Bd.1, Glasgow 1927.

Lubbock, Basil: *The Last of the Windjammers.* Bd. 2, Glasgow 1929.

Lubbock, Basil: *The Log of the Cutty Sark.* Glasgow 1924.

Lubbock, Basil: *The Nitrate Clippers.* Glasgow 1932.

Meyer, Jean & Acerra, Martine: *Segelschiffe im Pulverdampf. Das Ringen um die Seeherrschaft in Europa.* Bielefeld 1990.

Meyer, Jürgen: *Hamburgs Segelschiffe. 1795–1945.* Hamburg 1999.

Miethke, Wiltrud: *Königin der Meere. Royal Clipper – die neue Preussen.* Hamburg 2000.

Newby, Eric: *Hölle vor dem Mast.* Bielefeld 1986.

Newby, Eric: *Lehrjahre vor dem Mast. Als Schiffsjunge auf einem Windjammer.* Hamburg 2001.

Paasch, Heinrich: *Vom Kiel zum Flaggenknopf. Illustriertes Marine-Wörterbuch in Englisch, Französisch und Deutsch.* Hamburg 1901.

Pedersen, Peter: *Die große Zeit der Windjammer.* Hamburg 1985.

Pedersen, Peter: *Strandung und Schiffbruch.* Hamburg 1989.

Puget, Ollivier: *Windjammer der Welt.* Hamburg 1999.

Randier, Jean: *Die große Zeit der Windjammer.* Hamburg 1994.

Randier, Jean: *Hommes et navires au Cap Horn, 1916–1939.* Paris 1966.

Schäuffelen, Otmar: *Die letzten großen Segelschiffe.* Bielefeld 2002.

The Medley of Mast and Sail. A Camera Record. Bd. 1, Herausg. und bearb. von Frank G.G. Carr (u.a.). Brighton, Sussex 1976.

The Medley of Mast and Sail. A Camera Record. Bd. 2, Herausg. und bearb. von Alex. A. Hurst. Brighton, Sussex 1981.

Underhill, Harold A.: *Deep Water Sail.* Glasgow 1952.

Vandenberghe, J.-P. & Chaballe, L.Y.: *Elsevier's Nautical Dictionary in six Languages. English/American, French, Spanish, Italian, Dutch and German.* Amsterdam 1978.

Villiers, Alan: *Auf blauen Tiefen.* Hamburg 1984.

Villiers, Alan: *Ein Königreich für ein Schiff.* Hamburg 1960.

Villiers, Alan: *Kap Hoorn.* Hamburg 1988.

Villiers, Alan: *Men, Ships and the Sea.* Washington 1962.

Villiers, Alan: *Rund Kap Hoorn. Die letzte Reise der Grace Harwar.* Wiesbaden 1953.

Villiers, Alan: *Tausend bunte Segel. Die Doryfischer vom Schoner Argus.* Wiesbaden 1952.

Villiers, Alan: *The Sea in Ships.* London 1932.

Villiers, Alan: *Über die sieben Meere. Windjammer auf großer Fahrt.* Hamburg 2000.

Villiers, Alan: *Vorm Wind über die sieben Meere. Drei Jahrzehnte auf den letzten Segelschiffen.* Wiesbaden 1954.

Villiers, Alan: *Wilder Atlantik. Die Geschichte des Nord-Atlantik und der Männer, die ihn bezwangen.* Hamburg 1958.

SCHIFFSREGISTER

DANKSAGUNG

Der Autor dankt sehr herzlich *Daniel Gilles* für sein kritisches Lektorat und seine Ratschläge zur Gestaltung des vorliegenden Werks; *Alexis Komenda* für die gewissenhafte Auswahl des Fotomaterials; Kapitän *Francisco Correia Marques*, Direktor des Museu Marítimo de Ílhavo sowie *Vitorino Ramalheira* vom Museu Marítimo de Ílhavo für das Ausleihen der alten Dokumente.

Die Deutsche Bibliothek - CIP-Einheitsaufnahme
An Bord : mit Windjammern auf großer Fahrt/ Ollivier Puget. Fotos: Alexis Komenda und Nigel Pert. Aquarelle Nicolas Gilles. [Übers.: Christiane Hauert]. - Hamburg : Ed. Maritim, 2002
Einheitssacht.: À bord des grands voiliers <dt.>
ISBN 3-89225-460-5

1. Auflage
ISBN 3-89225-460-5

Raboisen 8, 20095 Hamburg

Titel der französischen Originalausgabe:
À Bord des Grands Voiliers

Umschlaggestaltung: Buchholz/Hinsch/Hensinger, Hamburg
Übersetzung: Christiane Hauert
Satz: Fotosatz Habeck, Hiddenhausen
Titelfoto: Alexis Komenda
Printed in France 2002 - n° L83526

Vertrieb: Delius Klasing Verlag, Siekerwall 21, 33602 Bielefeld
Tel.: 0521/559-0, Fax: 0521/559-113
Email: buch@delius-klasing.de
www.delius-klasing.de

FOTONACHWEIS

Alexis Komenda: S. 4/5, 9, 10/11, 42, 44, 47, 50, 52/53, 60 (4 Fotos), 63, 64, 66, 68, 69, 70, 72, 72/73, 74 (4 Fotos), 76/77, 78 li., 79, 80/81 (3 Fotos), 83 (beide Fotos), 84/85 (3 Fotos), 86, 89, 90/91, 92/93, 94, 96, 97, 98/99, 100/101, 102, 105, 108/109 (3 Fotos), 112/113, 114, 118, 119 u., 120/121, 122 o., 126/127, 129, 130/131, 134 (beide Fotos), 135, 136/137, 140/141, 142/143, 144, 146/147, 150/151, 152/153, 154/155, 156, 159, 160/161, 162, 164/165, 168/169, 170, 176 und Titelfoto.
Nigel Pert: S. 6/7, 8, 48/49, 54, 57 u., 58, 62, 65, 75, 78 re., 88, 103 (4 Fotos), 106/107, 110/111, 122 u., 148, 174, 175, 177.
Ollivier Puget: 41 u. (persönliche Sammlung.), 119 o., 123, 124 (beide Fotos), 132/133.
Courtesy San Francisco Maritime Museum NHP: S. 12 (Foto: W. Hester), 20/21 (Foto: Kapitän H. Piening), 27 o. re., 30 u. (Foto: H. Huycke), 32/33 (Foto: G. Dickinson), 36/37 (Foto: W. Hester), 125 (beide Fotos: W. Hester).
National Maritime Museum Greenwich, London: 25, 26, 30 o., 115, 117, 138/139.
Collection du Musée International du Long-Cours Cap-Hornier, Saint-Malo, DR: S. 17 (Foto: J. H. Wilton), 22 (DR), 27 o. li., (Foto: W. Hester, Repr. M. Dupuis), 27 u. (Foto: C. L. C. Glück, DR), 35 (Sammlung Kapitän Waldemar von Zatorski, Foto: H. Handler), 39 (Foto: C. L. C. Glück, DR), 128 (Sammlung C. L. C. Ravasse, DR).
Photothèque Hachette: S. 18 (beide Fotos), 23, 24 o. re., 28, 29 (Foto: Beken of Cowes), 41 o., 59, 104.
Aus der Sammlung Daniel Gilles: S. 14/15.
Max Photographer: S. 57 o..
Museu Marítimo de Ílhavo (Portugal): 24 o. li. + u. re. + u. li..
Herbert Böhm: Rückseitenfoto.